新装版　不確定性原理

運命への挑戦

都筑 卓司　著

ブルーバックス

カバー装幀／芦澤泰偉事務所
カバー絵／ルネ・マグリット「ガラスの鍵」
タッシェン・ジャパン画集
『ルネ・マグリット』より転載
©ADAGP, Paris & JVACS, Tokyo, 2002
本文カット／永美ハルオ
目次デザイン／中山康子
序章扉絵／『巨人の星』
©梶原一騎・川崎のぼる／講談社
第三章映画フィルム／『巨人の星』
©梶原一騎・川崎のぼる／講談社・TMS
本文図版／さくら工芸社

はしがき

貴方は一年以内に死ぬとか、君は一月たたないうちに交通事故であの世にいくとかいわれたら、誰だっていい気持ちはしない。しかし、一〇〇年後には君はもうこの世にいない……と宣告されたら、これは認めないわけにはいかない。

自分が死ぬなど考えてみたこともない、といくら頑張る人でも、まさか一〇〇年後の世界を自分の目で見られるとは思っていないであろう。われわれの生命は恐らくあと二〇年か四〇年かあるいは六〇年か……である。とにかく、このことは認めざるを得ない。

だが誰も自分の死の時期など、知ってはいない。また多くの人たちは、そんなものはわかっていない方がいい……と考えている。かりに死の時期が判然としていたら、もっとノイローゼ患者が激増してくるに違いない。いくら理屈を並べたところでわれわれ凡人には死は恐ろしいし、とても悟りをひらいた心境になれるものではない。

もっとも人間みんなが精神修養して生命に対して恬淡《てんたん》とした態度をとるようになれば、かえって死の時期がわかっていた方がいい、というようなことになるかもしれない。財産整理、遺産相続などの事務はスムーズにいくだろうし、養老資金の目安もつくし、実務から引退するのにほどよい時期も自分で決められる。何百万円かの貯金を持ちながら栄養失調で死ぬ……などということもなくなるだろう。

死に対してどう感じるかは別として、ここで問題にしたいのは、われわれの運命は、生も死も、実際にピシッと決まっているものかどうかということである。大げさにいえば、宇宙全体の運行は……天体の運動のような悠々としたものから、複雑きわまりない人間の生命まで、さらに小さな虫の一生も、あらゆるものを総括してすべてが予定の筋書き通りに動いているものかどうか……という疑問である。

一九世紀までの古典物理学によると、自然現象の推移はすべて機械論として説明されると考えられていた。もし人間も機械の歯車の一つにすぎない、とするなら——これについては現在の科学をもってしても明らかでないことが多いが——すべての現象は一分一厘の隙もない因果律でピシャリと抑えられ、原因から導かれる必然の結果に向かって、敷かれた通りのレールの上をただひたすらに走りつづけるものである……と考えられたのである。

たとえば現在の自分は読書中であり、母は針仕事、弟はテレビを見ている。学友の誰それは数学を勉強中、市長は予算を検討し、日本は金融引き締めを考慮中……地球は軌道のどのあたりにあり、太陽系は、銀河系は、かくかくしかじか……という現在の状態から帰結される未来像は、どうころんでもただ一通りしかない、というのである。

自然界は本当にそういうものなのであろうか。しかしこの絶対的とも思われる因果法則にまったをかけたものがある。量子論的思考……不確定性原理がそれである。力学法則を完全によみこなす者がいるとしたならば、彼は手からまさに落ちようとするサイコロを見て、出る目を当てるはずである。ところが、そのように物理法則に完全に通じ、しかも思いのままの観測ができる万能な超人がいたとしても、原因から誘起される必然的結果として、自然現象を一通りに予言することは不可能である——正しくいえば、過去も未来も確率的にしか決定されない、と主張するのが不確定性原理である。そうして、この不確定性原理を土台として、実験事実を忠実に紙の上に記述した数学的体系が量子力学というものである。

現在のところ、量子力学はまことにすばらしい数学的手法であり、ミクロの世界を探究するのにこれ以上のうまいやり方というのは……われわれは知らない。

だが、この精巧な量子力学も、これをどのように解釈するかという極めて素朴な問題になると、意外にあいまいであることが指摘され、さまざまな異った見解が提起されているようである。たとえば本書の後半で述べるシュレーディンガーの猫などはその最も典型的な問題の一つである。

このような基本問題をぜひとも解決してやろうと頑張ったら……それから先へは一歩も進めない、ということになりかねないだろう。学問体系には、ときおりこうした根本的な疑問が未解決のままに残されていることがある。しかし疑問は疑問としてひとまずおき、そこで足ぶみすることなく次に展開された理論をどんどん吸収していく……というのも一つの勉強法である。学習するものの態度としては、その方がむしろ賢明な場合が多い。広い知識を吸収したのちに疑問点を振り返ってみると、意外にことの全貌が明らかになることがある。未解決の部分に深く首を突っ込んでしまうよりも、もっと発展的な事象に精力をさくことの方が——ずるい考え方のようだが——学習者にとっては効果が大きいようである。

講談社の科学図書出版部のすすめで、いわゆる因果関係を物理学の立場から眺めたらどうなるか、ということをテーマにして書いてみた。専門外のかたにも親しみをもっていただくため、空想的な比喩も大分持ち込んである。虫のいいいい分かもしれないが、賢明な読者には物理学は物理学、おとぎ話はおとぎ話と漉《こ》し分けながら読んでいただけるものと思っている。

昭和四十五年　初夏

都筑卓司

「不確定性原理」という言葉は、なんだか「わかったようなわからないような……」としか解釈できない。まさにそのとおりで、近代物理学特有の概念（哲学）である。

もの（客観物）を観察（測定）するとき、従来、工学とか物理学では技術さえ進歩すればどんな小さな（細かな）ものでも測定できると信じられてきた。すなわち、ミリの一〇〇〇分の一ならマイクロ、その一〇〇〇分の一ならナノ……と精度を上げていって、いつかは測定値を確定できると。

ここで一つ、形式的な問題を考えてみよう。全身が映る大きな鏡があったとする。その前で、鏡に向かって、比較的小さな手鏡をもつ。家庭で試したことのある人も多かろう。鏡の中に鏡、さらに鏡と何だか面白い。面白いがその果てはどうなるか。果てといわずに、最終的結末はどう考えたらよいか。

数学者は「形式的」だから、虫眼鏡その他、あらゆる器具を動員することを仮定すれば「無限大」個の鏡が見られるという。これは素人目《しろうとめ》にも「さもありなん」と思う解答である。

しかし、物理的観点はやや（いや大いに）違う。元来リアリズムの物理学にとっては、無限大とかゼロとかの概念はない。

物理学における「数」の「測定」は、測られる個体（物体・流体・ときには生物体など）と、それを測定する器具の共同作業である。どちらを手抜きしてもいけない。単にものの長さといっても、物差し、ノギス、マイクロメーター、顕微鏡などが、単なる物品としてではなく、「仲立ち」する物理的手段として、大きな役割を担う。

果たして数学者のいうとおり、二つの鏡の個数は「無限大」個か。無限大というものを私は知らない。宇宙の果てまでの長さが無限大キロだというが、宇宙はビッグバン（宇宙の始まり）から光速で膨張し続けており、無限大などという形式論で片づくものなのか。

どうも数学者の型どおりの解釈にはピッタリこない。測る材料が、X線か、電子か、その他の素粒子かで、結果は違うのではなかろうか。

一方、測定対象が光か粒子かで、その結果は大いに違う。故朝永振一郎博士がそのことをお話「光子の窓」で面白く述べられている。筆者もいささかこの真似ではあるが、本書の最後に米空母に突入する日本の特攻機について書いている。筆者自身、今まで書いた中で、この話が一番面白いと自負している。

物理学ではもちろん、多くの自然科学では対象としてのものの「大きさ」を知らなければならない。つまり何にも増して、測るという操作が要求される。

文科系の人は、理系の人間は何でも数値に置き換える、そんなことは嫌いだ、としきりにいう。確かに哲学書に概念は三・七だとか、美しさは二・五だとかいう話は聞いたことがない。嫌いだといわれても、観察、測定を基本とする理系には仕方のないことだ、といわざるを得ない。

ところが、この観察という事柄そのものが、けっして客観的なものではない。「見る」主体と、「見られる」対象物との間の関係をつきつめていったものが「不確定性原理」ではなかろうか。大袈裟にいえば、これこそ自然科学の哲学ということになるかもしれない。

本書は、活字や図版などが見にくくなったので、すべて新組みにして見やすくした。三十数年の歳月を経ても、内容はけっして古くなっていないはずである。

二〇〇二年　七月

筆者

もくじ

はしがき……3
新装版刊行にあたって……7

序章 巨人の星 17
星飛雄馬の登板
消える魔球
大リーグボール二号
大リーグボール一号
消える魔球を推理する
コン=ピューター教授の意見
量子ボール
星投手攻略法
打者完封の方法
透明とはなにか

第一章 ラプラスの悪魔 47
名人戦
碁打ちに失業なし

第二章 ある思考実験

将棋の場合は
わからないということ
予言の神さま
人間だって物質ではないか？
玉突き台上の玉の行動
玉の数が多ければ……
玉突き台は大自然の縮図
宇宙と物質
ラプラスの悪魔
確固たる因果律
先を見通すものは強し
人間の身体にまで因果律を当てはめれば
悪魔に支配された人間像
悪魔に挑戦するもの
本番一分まえ！
当てになることとならないこと

第三章 hの不思議

ありのままには測れない
電気や磁気の乱れ
五〇メートル電波では五〇メートルの誤差
勝利の原因はイートン校にあり
因果関係への言及
電気や磁気の乱れ
ガンマー線顕微鏡
電子を見る
もはやそれは物体ではない
光線の圧力
漱石のころ
上野の山は古戦場
運動量保存の法則
光は玉突きの玉か
コンプトン効果
新しい風

第四章 因果律の崩壊

光電効果
光がつぶだからこそ星が見える
薪を燃やしても電子は出ないけがの功名
光量子仮説から光子へ
海水浴で黒くなるわけ
トーキー映画
不確定性原理
ハイゼンベルク
対岸を眺めたニュートン
相対論も古典物理学である
物理学は量子時代を迎えて
ジキルとハイド
不確定の意味
時間も不確定
エネルギーが正確なときには

第五章　忍術と不確定性原理

実例について考えてみると……
原子模型
原子の中の電子
中間子の発見
中間子の質量も不確定性原理から
悪魔はよみがえらず
ファンタジー昔と今
忍術について
透明人間
空想と物理法則
埋没する不確定性
確率をどう解釈するか
トンネル効果
塀の中の人間
トンネル・ダイオード
粒子は壁を突き抜けて
ゼロも数のうち
ヘリウムは零度でなぜこおらない？

第六章 シュレーディンガーの猫

見知らぬひと
測定とはなにか
文句をつけたアインシュタイン
アインシュタインの思考実験
逆手をとったボーア
量子論の草分けとしてのボーア
若い頃のボーア
コペンハーゲン学派の思想
量子力学的記述法
純粋状態と混合状態
状態と物理量
演算子
オブザーバブル
シュレーディンガーの猫
フォン・ノイマンの思想
あくまで純粋状態を認める
ボームらの批判

終章　ＳＦ戦争

アルバコア号の幸運
忽然と現れるＸ国軍隊
緊急会議
スリガオ海峡の海戦
双方の新鋭艦隊は
ご難つづきのＡ国護衛空母群
またも殊勲のＡ国潜水艦
ふたたび緊急会議
ＳＦ戦争の終結

序章　巨人の星

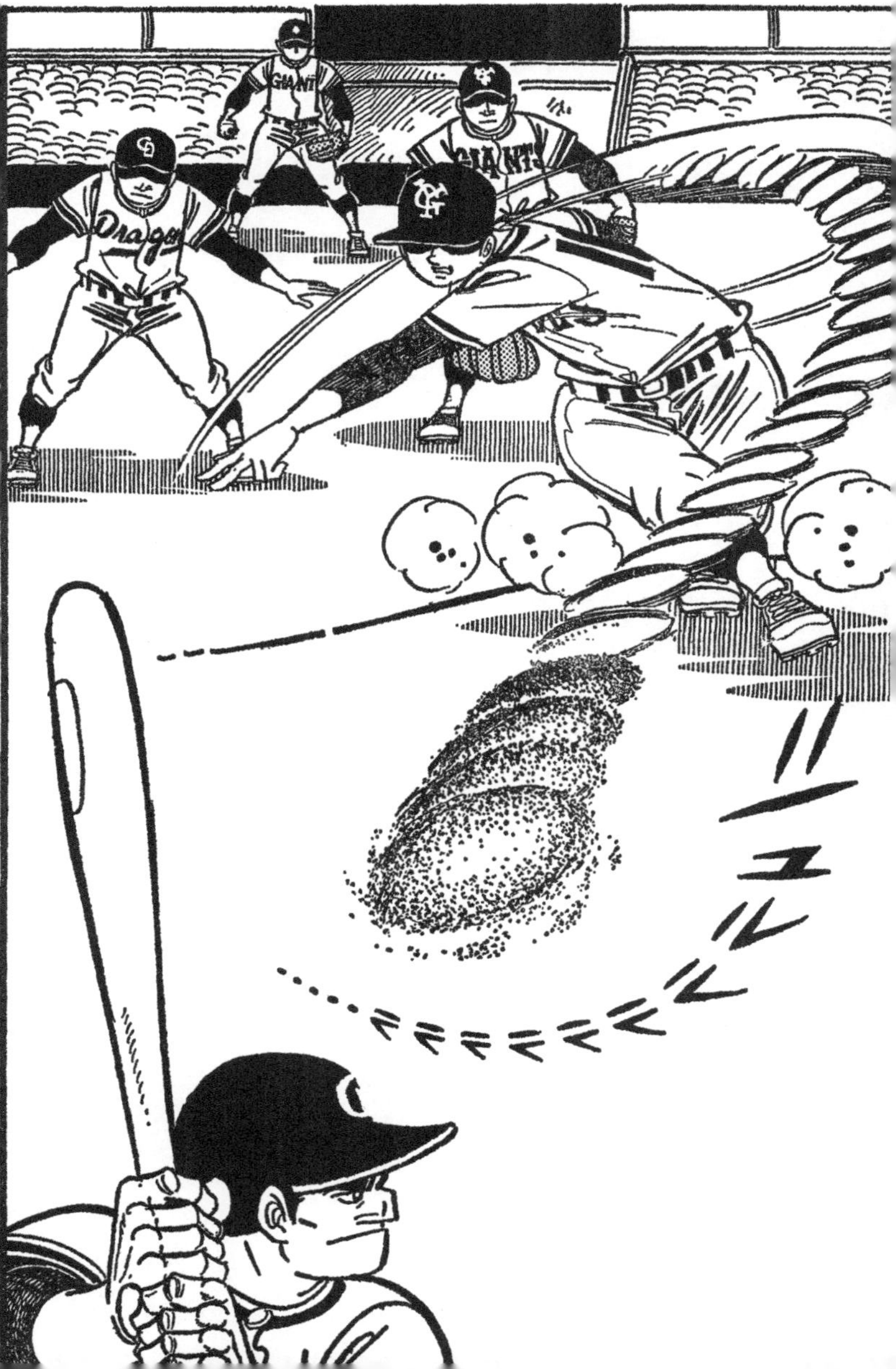

星飛雄馬の登板

試合は読売ジャイアンツと中日ドラゴンズ。この日、巨人の先発投手渡辺は決して不調ではなかったが、巨人軍は中日の黒人選手アームストロング・オズマ一人にかきまわされている。

オズマはもと、アメリカのセントルイス・カージナルスの補欠選手であったが、昭和四三年度のワールドシリーズ終了後日本に遠征し、そのときの実力がかわれて日本の中日球団に移籍された。四四年にはその打撃力をいかして巨人、阪神、大洋などを相手に打ちまくり、セ・リーグの投手陣をふるえあがらせている若手選手である。しかも中日のコーチは星一徹、これがまた名のとおりの無類の頑固もので、来日したオズマに徹底したスパルタ訓練を施した。

さて、五番を打つオズマは、第一打席で渡辺からソロホーマー（走者なしのホームラン）を奪い、第二打席でも第一球を猛ライナーでセンターの右へ飛ばした。巨人のセンターを守る柴田は懸命に背走し、ランニングキャッチで、いったんはグラブに球を収めたようにみえたが、打球のいきおいの物凄さにグラブをはじかれ、球はそのまま外野の壁にぶつかる。オズマは二塁を蹴り、三塁に猛スライディング。外野からの返球を受けた長島も一瞬タッチがおくれ、オズマの記録は三塁打になった。この頃からピッチャーの渡辺は次第に浮き足立ってきて、試合のペースはすでに中日のもの。

みたび打順は中日のクリーンアップにまわり、この回のトップバッター四番の江藤は、いきなりレフト線いっぱいの痛烈な二塁打を放つ。

一方、巨人軍のブルペンでは金田、堀内と並んでこの物語の主人公星飛雄馬も肩ならしをしている。

次の打者はオズマ。一塁があいているから、投手は、当然オズマを歩かせ、六番打者木俣と勝負するのが野球のセオリーである。

オズマはおもむろに打席に立つ。ネット裏の解説者も、

「オズマに対しては、敬遠の一手しかありませんな」

と意見を述べる。オズマの見えないスイング——眼にもとまらぬ速さで振るバットのまえには、どんな球を投げても無駄だと思われたのである。

このとき、巨人のベンチから川上監督が立ち上がった。つかつかとマウンドに歩み寄り渡辺を降板させると、主審に大声で宣告した。

「ピッチャー、星」

消える魔球

星飛雄馬はマウンド上でかまえる。バッターのオズマと眼が合う。はげしいライバルどうしの火花が散る。どちらの額にも汗が流れている。

　飛雄馬は数ヵ月まえ、オズマに激しく打ち込まれてスランプに陥り、多摩川グラウンドで二軍といっしょにはげしい練習を積んでいる。したがって公式戦に出場するのは久しぶりである。しかし今日の飛雄馬には、何ヵ月かまえに打ちのめされたショックはあとかたも見られない。なにかえたいのしれない魂が乗り移っているようである。その雰囲気をはやくも読みとったオズマは、さきほどまでの渡辺投手に対するかまえと違って、全身に殺気を漂わせた。

　二度ほど二塁に送球してランナー江藤を牽制《けんせい》したのち第一球が投げられる。バッターボックスのオズマは、確かに飛雄馬の手から球が放れるのを見た。ホームプレート上を通過する一瞬を逃さず、この球を思いきり叩けばいいのだ、打とう……とした瞬間、球がない。飛んでくるはずのボールがどこにも見当たらない。

　グワと思った瞬間、シュルルルルと音をたてて球はキャッチャー森のミットに当たった。緊張気味の森は思わずそれをはじき、球はころころと足もとを転がる。すばやく球を拾って二塁走者江藤をにらみつければ、走者は盗塁どころではなく、ぽかーんとつっ立ったままである。投手と捕手を結ぶ線上にいた江藤には、球がホームプレート上で消え失せたのがわかったのだ。

「ス……ストライク」

　と宣したものの、主審自身、なにやら狐につままれたように首をかしげている。

大リーグボール二号

こちらはネット裏の放送席。アナウンサーが解説者に、

「今のストライクは、ややくさかったんじゃないですか？　名捕手森が落球し、一瞬、主審も迷いましたからね」

「い、いやそれが実は私……今の球に限って見落としましてな。解説者としてめんぼくなし……」

この解説者は意外と正直である。多くの観衆にも、今のできごとがよく飲み込めなかったらしい。というよりも、単にオズマがストライクを一球見送ったにすぎないと思っているようである。

続いて第二球が投げられる。これも打者のまえで消えてしまう……と思った瞬間、シュルルルルと捕手のミットに収まる。今度は森がしっかりと捕球する。

「う……？」

と一瞬うなった主審も、

「ストライクツー！」

と宣告する。が、なんとも割り切れない気持で、

「キャッチャー、ちょっとそのボールをこっちへ」

と森のさしだすボールを受けとり、しさいに点検をしてみる。なんの変哲もない公式戦用のボ

ールである。重さも、固さも、そのほかどこから見ても仕掛けがあるとは思えない。

　主審から直接ピッチャーにボールがかえり、「プレー」がかけられる。

　球場はしずまりかえる。突然、飛雄馬の球が二塁手に送られ、江藤にタッチ。江藤はさきほどから、二塁ベースを一メートルほど離れた位置につっ立っているだけである。タッチされてもまだ夢うつつといったところ。

「アウト！」

　の塁審の声に、はっとわれにかえった江藤は、一直線に自軍のベンチにかけ戻り、

「ボ、ボールが……き、消えとるぞ。消える魔球を星は投げとる！」

　と叫ぶ。

　それからの球場は大騒ぎである。球場だけでなく、テレビの視聴者も、

「ボールが消える！」

「ボールが消える！」

「ボールが消える！」

　と、あちらの家から、こちらの窓から驚きの声がもれる。

〝遂に大リーグボール二号が誕生か〟

　と中日コーチ星一徹は思ったのだろう。三塁コーチャーズボックスで腕を組み、複雑な表情で

ある。

オズマに対する第三球も消えるボール……彼はあえなく三振してしまう。

六番打者木俣には、第一球が直球のストライク。消える魔球におびえきった彼は見えるボールでさえ振ることを忘れてしまった。第二球が外角高めのボール。ところが木俣は夢中でこれを空振りしてツーストライク。そして第三球めが消える魔球。彼もなすところなく三振に倒れ、中日の攻撃は終わる。

結局星投手の魔球のまえに中日は惨敗する。それからあとの巨人は、飛雄馬の消えるボールでセ・リーグの強打者を次々にうちとっていき、四四年度のペナントを獲得することになる。

さらに日本シリーズでも、大リーグボール二号が猛威をふるい、パの阪急を降して、史上初の五連覇が達成される。

大リーグボール一号

星飛雄馬はこれより以前、昭和四三年度に、大リーグボール一号を完成させている。

初めて巨人軍に入団した飛雄馬は、子供の頃から父親一徹に鍛えられた左腕で速球を投げ、シーズン前の台湾キャンプで自軍の強打者をうまく抑える。ところが彼のライバルである阪神の花形満や大洋の左門豊作には早くも球質の軽さを見破られてしまう。コントロールのない速球ではだめだと覚り、苦心の末多摩川の二軍陣地で編みだした変化球が大リーグボール一号である。

　ホームプレートからかなりはずれた線を球が走ってくる。見送れば当然ボールだ。バッターはそのままかまえている。と、いきなり球はカーブして打者のバットに当たってしまう。結果はせいぜい凡ゴロで打者は簡単にアウトになる。しからばというので打者が打ち気充分にかまえても、球の方がいち早くバットに当たってくる。この奇妙な大リーグボール一号には、セ・リーグの打者ことごとくがキリキリ舞いをさせられる。

　阪神の一塁手花形は、バッターボックスに立って飛雄馬と対峙《たいじ》したとき、星の投球と同時にさっとバットを自分の背後にかくしてしまった。ところが球はホームプレートのど真ん中をそのまま通る直球でストライク。唇をかんだ花形は、仕方なく次に普通のかまえにかえり、第二球め大リーグボールに凡フライを上げてひきさがる。ベンチに戻った星に、川上監督が聞く。

「あの花形の奇想天外な作戦まで予測して、あらかじめストライクを投げたのかい？　まさか神さまじゃあるまいし……」

「いいえ、予測しました」

　との星の答えは巨人ナインを驚かす。

「予測とは神がかりみたいなものではなく、はっきりしたデータの積み重ねです！　ボクサーや剣道家や射撃手は、相手の目、足、さらには筋肉までも観察し、つぎの動きを予測し、先まわりして攻撃します。花形の場合は手でした。花形の左手の指がバットから浮き、手首の筋肉もゆるんでました。さては右手だけでバットをどうかするつもりだなと予測し、投球寸前に大リーグボールからストライクにきりかえたわけです」

これを聞いた長島選手は、

「うーん！　かりに打ってきたにせよ、右手一本ではせいぜい内野の凡打球だしな」

と感心し、川上監督も、

「大リーグボールの百発百中の命中率の高さ。それを生む予測ということがようやく現実的にのみこめてきたわい」

と喜ぶ。

しかし星の戦法も、やがて破られるときがくる。阪神の花形は鉄バットで鉄球を叩く猛訓練を重ね、シーズン後半の試合で星からホームランを奪う。このときの花形は、かまえたバットに大リーグボールが命中する瞬間はげしくスイングし、外野スタンド上の広告板にライナーをぶっつけたのである。しかし花形も、積み重ねた猛練習とこの一振りで自らのエネルギーをつかい果たし、血ぞめのバットを残して倒れてしまう。そして翌四四年夏、六対一の中日リード、しかも二死満塁の巨人軍ピンチの中で、飛雄馬はさらに決定的な破局をむかえる。

昭和四四年、飛雄馬の父一徹は中日コーチに就任した。父子《おやこ》が野球を通して鎬《しのぎ》を削ることになったわけである。一徹はアメリカから移籍したオズマに対して、我が子飛雄馬の投げる大リーグボール一号を打たせるため、徹底した教育をほどこした。その結果……。

父一徹のきたえたオズマと、息子の飛雄馬との対決。一徹の心中は獅子のそれであろうが、むしろ人情としては息子の方に同情したいところだ。星の第一球はボール。第二球、第三球いずれもボール。第四球め……「勝負大リーグボール」と叫んだ飛雄馬の手からボールがはなれる。オズマのバットははげしくスイングされ、打球は高々と外野席の上段へ……。

オズマはバットをプレートのど真ん中にさしだし、これに大リーグボール第一号をおびきよせたのだ。ふつうなら球はバットに命中して凡ゴロである。花形の場合はそのまま猛スイングした。しかしオズマは、目にもとまらぬ速さでいったんバットをバックスイングし、あらためて球にミートするというスピードスイングをしたのである。

一徹はこうして自分の息子を谷底に蹴り落とした。飛雄馬はスランプに陥り二軍にさがる。そのスランプを克服して誕生したのが大リーグボール二号である。こうして星とオズマは二度めの対決をむかえる。

ここで消える魔球——つまりはじめに述べた大リーグボール二号の話に戻るのである。

消える魔球を推理する

『巨人の星』第二話の完結の時点において、消える魔球の正体はまだ明かされていない。いろいろなヒントは与えられているが、星一徹も花形満も、そのからくりを完全には見抜いていないようである。

大リーグボール二号は打者の手元でふっと消えてしまう。それなのにキャッチャーミットにはすっぽり収まる。いったい飛雄馬はどんな球を投げているのだろうか。ファンは推理する。

野球評論家の佐々木信也氏は、あまり速くて球が見えないと推論している。星の投げる球は、近鉄の鈴木や阪神の江夏などの三倍くらいの秒速一三〇メートルほど……昔のプロペラ機くらいの速さになる。これくらいの速度になれば、恐らく打者には見えないだろう。

テレビの飛雄馬役の古谷徹さんは、ホームプレート付近で土けむりを舞い上がらせ、地面の色でボールをかくすと結論する。

歌手の和田アキ子さんは、球は激しく横にカーブし、打者の後ろをまわってミットに入るのだという。

女優の左時枝さんは、激しい自転により、ボールのスピードが打者の手前で急におとろえるため、と説明する。するどくカットされたピンポン玉みたいなものだというのである。

とにかく消える魔球は、多くの人がさまざまな推論をしているが結論はまちまちである。いったい飛雄馬はどんなボールを投げているのだろうか。

コン＝ピューター教授の意見

コン＝ピューター教授とは、かつて『巨人の星』のファンたちを「ふしぎ科学パズル」でいじめた物理学者である。教授自身がまた星飛雄馬のファンであり、大リーグボールには大きな関心をもっている。

四四年度のシーズンも終わり、消える魔球の正体がまだ判明しない頃、教授は都内某所であるスポーツ新聞の記者と会っていた。話題は星の魔球に及んだ。教授は意見を述べる。

「わたしは大リーグボール一号と二号では、根本的に違ったものだと思います。物理学でいうならば、一号の方は昔の物理学……ふつうにはこれを古典物理学といいますが、古典物理学の枠を集めたものだといえます」

「古典といわれても音楽や小説なら見当はつくのですが……物理学ではどうも……」

「それではこんな話でどうでしょう。いまここでサイコロを振ったとします。たとえば三の目がでる。なぜ三がでたと思いますか？」

「それは……サイコロが転がって、ちょうど三が上になったところで動かなくなったから……」

「つまりたまたま三がでたというわけですね？」

「偶然としか、いいようがないと思うんですが」

「しかし、こうも考えられます。サイコロが手から放れる瞬間に指からどんな力を受けたか、落下の途中で空気の抵抗がどんなふうに働いたか……そのほか落ち始めの角度や落下距離など、理屈でいえばすべてがわかることです。さらに、床に落ちた瞬間にサイコロのどの頂点がまず触れるか……また、そのときの速度や角速度などもすべて決定されるはずです。そのほか床の非常に小さい凹凸やサイコロの面や稜の性質などもわかることですから、もし人間がこれらすべてのデータを完全に知っていたとしたら、サイコロが手を放れる瞬間に、何の目がでるかがわかるはずです」

「でも……いくら科学が進歩しても、床に転がるサイコロの目がわかるようになるとはちょっと考えられませんが……」

「そう、現実の問題としては無理でしょう。しかし……あんまりいい例ではないですが、年季の入ったばくちうちならサイコロを転がして、あるいは壺の中で振って、好きな目をだすことくらいは可能でしょう。しかしこれは作為があるときの話で、他人が無心にサイコロを振ろうとする姿勢を見ただけで何の目がでるかを当てることは、ちょっと無理かもしれません」

「現実問題では無理だとしても、非常によく研究すれば、でる目は何であるかが理論的にわかるというわけですね」

過去も未来もわからざるはなし……

「わかるという立場をとる……というのが古典物理です。原因があれば、それから生じる結果はただ一つに確定しているという考え方、これを因果律といいますが、古典物理ではこれが成り立つとしています。たとえば、サイコロを投げる力とか、床のすべり加減とか、その他あらゆる条件さえ与えてやれば、求める結果はただ一通りにハッキリと決まっているものである……としてやるのが古典物理です」

「してやる、とは無責任ないい方ですね」

「ええ、全部のプロセスを逐一《ちくいち》人間が見られるわけでもないですからねえ。

話がとぶようですが、ナポレオン・ボナパルトは御存じですね。最期には『フランス……陣頭へ……』と言って息をひきとったそうですから、ときに、夢は戦場をかけめぐっていたのかもしれません（セントヘレナ島において胃ガンで死亡）。

このナポレオンの威勢がまだまだ盛んであったころ、目をかけていた取りまきの一人にラプラスという男がいました。この人は大変な学者で、不朽の大著作といわれる本を何冊も残しています。その本について、あるときナポレオンがからかってやろうと考えた。つまり、お前は神について触れることを忘れている、というんですよ。ところがラプラスは昂然《こうぜん》としてこう答えた――陛下、わたくしには神という仮説は無用なのです。

そのほか、正確にそらんじているわけでもありませんが、――この知力にとって不確実なものは何一つ存在せず過去も未来もともにその両眼に映しだされる――というラプラスの言葉は有名です。

つまり、われわれは未来について〝神のみぞ知る〟などといったりしますが、それは間違っている……と、この古典物理のスポークスマンは述べているわけです。こうすれば必ずああなるということは、人間の英知（科学）をとぎすませばすべてのことについて知れることだ、としてやるのです。たとえば、ストライクゾーンをうんと離れたところに球がくれば、打者は当然ボールと思うだろうし、球にどれほどスピンをかければどんな具合にカーブするかもわかる。要はよみの深さが問題だとするわけです。

また、予想の難しいものにサイコロがありますが、このサイコロを振って三の目がでる。三でも五でもかまいませんが、とにかくサイを振ってある目のでる確率は六分の一だということ、これは小学生でも知っている……。ところが、われわれに確率が必要なのは、〝原則的には知ることができるのだが実際に知るのが難しい〟というような条件が入ってくるからだとラプラスはいうのです。つまり理屈どおりのデータがみんな手に入れば、先刻の話のように確率は無用だというわけです。

こうなるともはや過信の気味がないでもない。あなたのいわれるように無責任といえばまさに無責任ですが……」

「しかしまあ、後からだからそんなことがいえるのではないでしょうか。正直いって私には、ラプラスのいってることは本当のような気がします。われわれの目の届かないところで、ものごとはピタリと決まっている……。でもまさにその通りかといわれると、何だかわかったようなわからないような……。

たとえば、サイコロを振るところを超高速度撮影でとるとします。そして現像のあがったフィルムを一コマ一コマ詳しく調べる。その結果、古典物理では予想もしなかった一コマが写っていた――などということはあり得ないでしょうねえ」

「確かにその通りです。サイコロぐらいの大きさになれば全くその通りです。しかし、のちにわかったことですが、自然科学が確率を必要とするのには、ラプラスのいってること以外にも理由があります。それは扱うものがもっと小さくなるとですねえ、……」

ここで教授は一息ついて、グビリッとコップの水を飲んだ。大事なことを話しますぞ、という無意識のゼスチャーである。

ところが新聞記者氏にとってみれば、さきほどからの話が何だかややこしい。これは深入りしないほうがいいぞ、と思ったものだからとっさに牽制球を投げてしまった。

「なるほど、よみとコントロール、この二つをとことんまで理想化したのが大リーグボール一号なんですね。よくわかりました」

「そうです。相手の目の光りぐあいから腹の内をさぐるとか、手足のちょっとした動きから次の行動をよみとるとか、これは経験とか訓練によってかなりの線までゆけるでしょう。

もう一つはボールのコントロール。空気の抵抗と指の力以外に介入するものは何もないのですから、これも訓練しだいで魔術師のようなことが可能でしょう」

「問題は大リーグボール二号ですね」

「私には、二号は一号と違って、量子論的なボールとしか考えようがないんです」

「量子論といいますと……」

「一口にいえば原子や電子のような非常に小さなものの世界で通用する法則で、これは古典論とは全く違います。原因がわかれば、それから帰結される結果はピタリ一通りに確定している……というような古典物理の考え方は、原子の世界では通用しません。

野球ボールのような大きなものがどうして量子論になるのか……これは全く謎ですが、星投手の投げる大リーグボール二号は、そっくり量子論にしたがっているようです」

「その量子論というのを、もう少しわかりやすく説明していただけませんか」

「たとえば電子を例にとりましょう。電子は一定量の質量とマイナスの電気とをもっていますから、このことからは電子はつぶと考えられます。さてこの電子がP点から右へ走りだしたとします。電子を空間に走らすには、金属に光を当てるとか、金属を熱くしてやるとかすればいい。そ

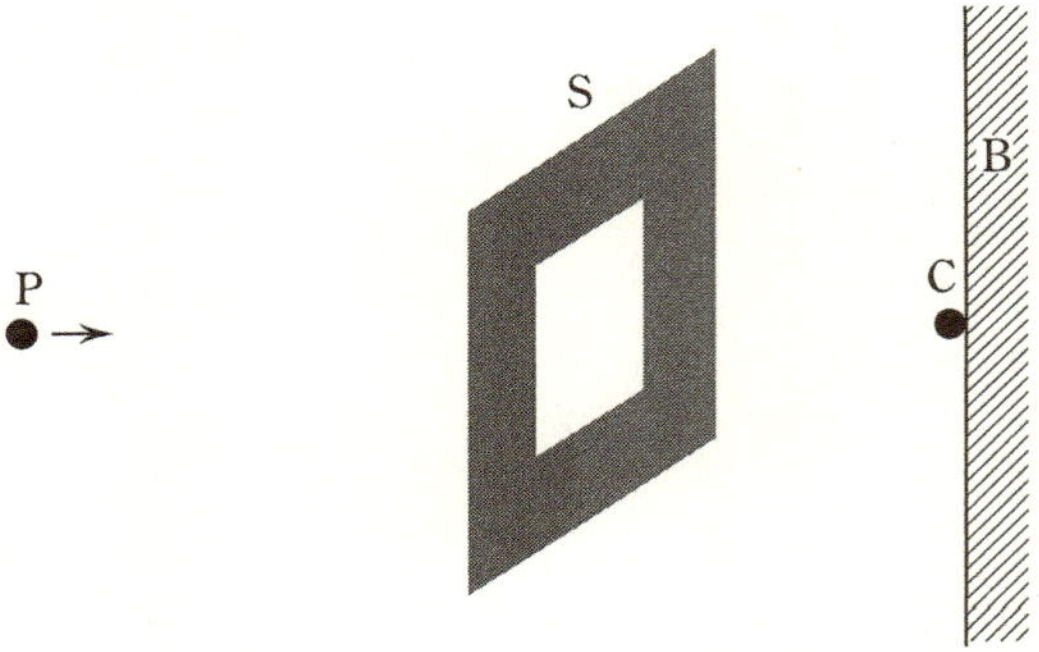

図1　電子に窓をくぐらせる

れほど難しい技術はいりません。また放射性元素からは多くの場合、電子が飛びだしてきます。このときの電子の流れをベーター線といっています。

　さてこの電子をSという窓にくぐらせます。あいた窓にこなかったものは、厚い壁でさえぎられて、それより右には行きません。

　窓を通り抜けたものは、さらにその右にあるBというブラウン管に衝突します。たとえばブラウン管の上のCという点にぶつかれば、蛍光塗料のため、C点が光ることになります」

「この装置を野球にたとえると……Pがピッチャー、窓Sがストライクゾーン、Bがキャッチャーミットですね」

「その通りです。そこまで先回りして理解してもらえば、話はずいぶん楽になります。電子はP点から出発して、C点に到着するまでの途中では見えないのです。ボールでいえば、ストライクゾーンを通ったことは事実ですからカウントはストライクですが、Ｃ点でキャッチャーミットに収まった瞬間にはじめて正体を現すことになります」

「見えないのだけれども、ボールは確かにストライク・ゾーンを通った……？」

「そうです。キャッチャーが捕球したのがなによりの証拠です」

「それでは、ピッチャーが投球したすぐあとに、やけっぱちにスイングしたらどうなるんでしょうか？　絶対にカラ振りですか？」

「いや……そうとも限らないんです。ことによると、カーンと音を立ててボールが打たれることもあります。その瞬間にボールは正体を現します。ことによるとホームランになるかもしれません」

「なるほど……見えないけれども、そこを通過しているのだから……そうすると大リーグボール二号もヒットされることがあるわけですね」

「あります。ただ打者の目には走ってくる球が見えませんから、むやみにスイングしてたまたまバットにボールが触れたときしか球は飛びません。おそらくバッターの打率は見える球の場合よりはるかに悪くなるでしょう。しかし残念ながら完全に打者を封じるとまではいいきれません」

「打者が運よく、球の通りみちをスイングしたときに限り、ヒットになるわけですね」

「いま貴方のいわれた言葉のうち、〝運よく〟というのは、まさにその通りです。しかし〝球の通りみちをスイングしたとき〟というのは違います」

「さきの図1でいうと、PとCとを結ぶ線上にバットが振れればいいことになるんじゃあないですか？」

「そこが違います。ともかくキャッチャーはときにはインハイで、またときにはアウトローでキャッチングするでしょう。あるいはど真ん中で球をとらえるかもしれません。しかし、かりにアウトローで捕球したとしても、それでは低めに大きくスイングしていたら球を打つことができたか……ということになると話は全く違ってきます」

量子ボール

「何だかわけがわからなくなってきました。そうするとなんですか……見えないボールはホームプレート付近で激しくカーブしているわけですか？」

「いや、そう考えるのも正しくありません。量子ボールというのは、キャッチャーミットに収まった瞬間には、高め、低め、あるいはイン、アウトなどその位置がはっきりしますが——ボールが目に見えるから、場所が確定するのは当然です——ホームプレート上では、ストライクゾーンのどの部分を通過するのか、全く不確定です」

「目に見えないから、不確定なのは当然でしょう。しかしどこかを通るわけですから、その通りみちさえうまく叩いてやれば……」

「いや、その考え方が違うんです。不確定という意味を、原理的には知り得ることだが実際的な問題として知り得ない、というように単純に解釈してもらっては困ります。もう少しくだいた言葉でいいましょう。量子ボールは、かなり広いストライクゾーンのあらゆる場所を通り抜けてくるのです」

「ほう、そうすると、インハイであると同時にアウトローでもあるということに……」

「その通りです。インローでもあるし、アウトハイでもあるし、ど真ん中の要素ももっているんです」

「するとボールはホームプレートの上では、ストライクゾーン一ぱいに広がる……おばけみたいな……」

「そう、そう考えるのが一番わかりやすいと思います。煙のかたまりとか霧のような具合とか……とにかくボールはわっと広がっていることになります。しかし、ここで蚊の大群とか煙のようなものを実際に考えられては困りますよ。なんといいましょうか、微粒子の集まりなんてものでなくて、すでに普通の物体という概念を超越したものがそこにあるわけですからねえ。物理の言葉ではこれを波束《はそく》、つまり波の束とよんでいます」

「そんな煙のような煙でないようなものを、キャッチャーがなぜ捕球できるんですか?」

「ミットに当たった瞬間に、見た通りの小さなボールに戻るのです。また同じように、もしバットに当たれば波束は縮まってボールとしての正体を現します」

「ではストライクゾーンのどのへんを振れば、化けの皮がはがれるんですか。高めにも低めにも霧があるのなら……どうしようもないじゃありませんか」

「実際どうしようもありません。だからバッターはストライクゾーンのど真ん中を振ってみて、あとは運まかせということになります」

「そうすると、選球眼などというものはこの場合役に立たないわけですね」

「量子ボールについては、選球眼は問題になりません。なにしろ貴方まかせのスイングですからね」

「そうするとキャッチャーが量子ボールを捕球するのも難しいことにはなりませんか?」

「その通りです。現に森選手も、公式戦で第一球めの大リーグボール二号を落としています。量子ボールのときにはいっそのこと伴宙太捕手にでてもらって、身体で受けとめてもらうのが一番いいのではないでしょうか。少々残酷かもしれませんが、柔道できたえた身体です。初めの頃は、伴捕手は星投手の速球をしきりに身体でとらえていたようでしたよ」

星投手攻略法

「星飛雄馬は不思議なボールを投げているんですねえ。打者としてはとにかく振ってみる以外にないわけですね」

「そうです。その結果ある確率でバットはボールにジャストミートすることになります。もっとも、ここではラプラスが考えたような理由で確率がでてくるのではないのですが……」

「ではもし、打者がバットのかわりに、羽子板の親分のような幅の広いもので思い切りスイングしたら……」

「板の面積がストライクゾーン一杯に広がっていたら、ストライク性の魔球なら必ず正体を現します。しかしバットの大きさはルールで決められていますから、まさかラケットを使うわけにもいかないでしょう」

「結局魔球のまえには……バッターはまぐれを期待するほか策なしということに……」

「ふつうの打者だったら、そういうことになるでしょう。しかし花形満や左門豊作はただの打者ではありません。恐らく、魔球を打ち込む秘術をねっていることでしょう」

「なるほど。でも一体どんな方法があるんでしょう」

「花形や左門が何を考えているのか、私にもわかりません。しかし、一つのアイディアとしてこんな方法も可能です。

さきほど、量子ボールというのは、ホームプレートの上で霧のように広がるといいましたねえ。くどいようですがそれは霧でもなんでもない。どんな目のよい超人を考えても見ることのできないもの、すでにものといってよいのかどうかわからないような存在なのです。ところで正確にいいますと、この霧のようなもののどの部分を叩いても同じような割合で――たとえば一〇回に一度という比率で――バットにボールが当たるわけではないんです。霧のある部分ではボールに当たる可能性が大きく、別の部分では小さい……というように、広がった霧の特定の部分を叩くのが最も効果的なのです。いいかえると霧には濃淡があるのです」

「わかりました、といっておきましょう。ともかく霧のようなワッとしたものの中心部にいけばいくほど、そこにボールが存在する可能性が大きいということですね。だから常に霧の中心部をねらうように打撃練習をする……」

「いや、必ずしもそうはいえません。コントロールのないピッチャーなら確かにそうかもしれません。ボールが広がってきても、中心さえねらえば三割か四割かはミートするでしょう。しかし大リーグボール一号でもわかるように星は絶妙のコントロールを持っています。こんな投手の手から放たれた魔球は――それが奇妙な霧状になってホームプレートの上にきたとき……最も大きな可能性でボールが存在する部分は、インハイだったり、アウトローだったりします。だから真ん中を狙うばかりがいいとは限りません」

「それではますます打ちにくくなる……」

「いや、花形ほどの打者なら、星の投げる量子ボールの、最も霧の濃い部分を、星の心理あるいは投球動作から見抜くかもしれません。その部分を思い切ってスイングすれば打者の勝ちになります。つまり大リーグボール一号で、星が打者の動きを予測したのと同じように、今度はバッターがピッチャーの心理をよみとるわけです」

「それでは星のコントロールがかえって仇《あだ》になってしまう……」

「そうです。ピッチャーは人間である、星飛雄馬という意識を持った人間であるということのために、かえってつけ入る隙があるわけです」

打者完封の方法

「なるほど、お話を聞いて四五年度の星対花形の一騎打ちがますます面白くなりました。しかし、星投手もせっかく消えるボールをあみ出したんですが、彼以上に頑張る打者にかかったんではこの秘策もあまり役に立たないわけですね」

「いや……そうばかりともいえません」

「え、すると投手の方にそれ以上の方法でもあるんですか」

「量子ボールの、いわゆる量子効果というものがどれほど大きなものか……実のところ私にもよくわからないのですが、もしその効果が充分大きいとしたら……打者完封の方法がないわけではありません」

「どうすればいいんですか？」

「でもそこまでしゃべったんではあまりに魔球が強くなりすぎて、巨人独走になりはしませんか。私は花形にも左門にも大いに活躍してもらいたいんですが……」

「そう、その通りですけど、ねえコン＝ピューター教授。私にだけそっと教えていただけませんか」

「せっかくそうおっしゃるなら、小声でそっと説明しましょう」

「はい、私は誰にもしゃべりません」

「いままでボール、ボールとよんできましたが、量子ボールとは、伴宙太のような大きな物体にぶつかったとき、初めてボールとしての姿を見せるわけで、打者の付近ではむしろ波のように考えた方が理解しやすいようです」

「はい、ホームプレート上は波として通過するわけですね」

「ところで波というものは……。たとえば水中に直径一〇センチの棒杭を立てます。これに波長一メートルの波がぶつかれば……波は棒杭にかまわず、その後方へもどんどん進んでいきます。

タライの中に同じように直径一〇センチの棒杭を立て、これに波長一センチほどの、ほんの小さな波を立ててやれば、波は棒杭ではね返され、棒杭のうしろは静かです。つまり同じ障害物でも、波長の短い波ははね返りますが、長いものは障害物などという意識がなくどんどんそれを越えて進んでいきます。ラジオ波もテレビ波も電波であることに違いはありませんが、テレビ波の方がずっと波長が短い。だからテレビ波の方が地形地物により妨害されやすい。山間部で、ラジオは聞こえるけれどもテレビはよく映らないという場所があるのはそのことが理由です」

透明とはなにか

「すると、バットではね返されない波……」

「そうです。たとえば空気中には一万分の数ミリ程度の微粒子がたくさんあります。これらの粒子は波長が一万分の四ミリほどの青い光ははね返しますが、一万分の七ミリくらいの赤い光はすい通しします。それがまあ、青空のあの青さ、夕やけのあかね色の原因なんですが……。われわれは、透明物質とは光を通すもののことである……という固定観念にしばられていますが、同じ物質でも波長により透明にも不透明にもなるわけです。

ですから波長の長い波を打者に送れば、いくらバットをスイングしても、波はす通りしてしまいます」

「波長の長い波とは、どんなふうにして投げればいいんですか?」

「スローボールです。球の速さと質量とをかけたものを運動量といいますが、運動量が小さいほど、これを波と見立てた場合の波長は長くなります」

「そうすると、超スローボールを投げて、バットを透明化してしまえばいいわけですね」

「バットの透明化とは、うまいことをおっしゃいました。まさにその通りです。バットがボールに対して透明では、いくら強打者でもどうしようもないわけです。それを防ぐためにはバットを太くしなければならない……ところがバットの太さはルールで規定されている。一方、投球の方は投手の腕次第でかなり波長を長くすることができます。

こう考えてみると、量子ボールに対しては投手の方が分《ぶ》がいいようです。これではハンディがつきすぎて試合が面白くありませんから、量子ボールの理論はここだけの話にしておきましょう」

こうして、コン＝ピューター教授と新聞記者との会見は終わった。

後日、某スポーツ紙にコン＝ピューター教授の紹介文が掲載されていたが、大リーグボールについては遂にひとことも触れられていなかった。

第一章　ラプラスの悪魔

名人戦

将棋盤をはさんで、二人の長老が対峙《たいじ》している。先手のA老人も、後手のB翁も、このみちにかけては抜群の技量の持ち主である。両人ともよみの深さでは、神業に近いものを持っている。部屋はそのまま寂《せき》とした庭に面し、都会の喧噪からはすでに数里をへだてた感が深い。立会人の「それではお願いします」の声が静かに流れる。記録係が時計のボタンを押す。A老人はしばらく黙考する。五分、一〇分……やがてその右手が動き、第一手が進められる。

この第一手が、7六歩か2六歩か、あるいはもっと別の手かは詳《つまびら》かではないが、この瞬間後手のB老人の額にこころなしか厳しい皺が寄ったようである。B老人はそのまま、先手の第一手を凝視して動かない。一〇分、二〇分……、後手の眉間の皺はそのまま苦悶の形相に変わっていく。咳《しわぶき》さえもない沈黙の数十分が過ぎる。ふと……B老人が動く。指手《さして》は……と見守るなかで、老人は静かに座蒲団からおりて深々と頭を下げていう。

「ありません」

つまり……B老人は投了《とうりょう》したのである。

もちろんこれは作り話であり、どんな大名人でも、自分が一手も指さないうちにみずからの敗北をよみ切ることなど不可能である。だがこの話も、理屈、理屈と推していって考えた場合、あながちナンセンスとばかりはいい切れないであろう。A老人やB翁のかわりに、現在使われているコンピューターの何万倍、何億倍あるいはそれよりも遥かに大きいものを考える。そして二つのコンピューターに将棋のルールと、あらゆる場合の定跡を正確に記憶させる。もし最初から最後までこの二つのコンピューターに勝負させるとしたら、最善の最初の一手で勝敗は決まるのではないだろうか。というより、一手も指さないまえからすでに勝負は決している……。

碁打ちに失業なし

将棋にしても碁にしても、必ずや最善の応手というものが存在するに違いない。自分が最善の手を指して、相手が多少なりとも応手を誤れば、勝利は自分のものとなる。ただ、応手の数があまりに多いため、——少なくとも中盤戦までは——数ある指し手のなかのどれが最も適切なものかを、名人といえども間違いなく判断することはできない。だからこそ、ゲームとして成り立つわけである。

指し手の数はどれほどのものだろうか。たとえば碁の場合、かりに三六一個の碁盤の目を黒と白の石で全部埋めつくしてしまうと考えて、あらゆるケースをみんな勘定してみると、361×360×359×……×2×1という、長ったらしい掛け算になる。結果は、100……00というように一の次に0が八〇〇以上も並ぶ。

実際のゲームでは二〇〇手ぐらいで終了することが多く、また同じ目に何度も石をおろすこともあるし劫《こう》も考えられるから、もう少し実戦的に計算してみよう。

対局者が実際に石を置こうとするとき、適当と思われる場所は平均して五ヵ所ぐらいではなかろうか。当事者は対局中には二ヵ所か三ヵ所について大いに迷うような気もするが、もう少し大局的に眺めていちおう五ヵ所としてみたのである。とすると、二〇〇手で終了するゲームの数は5^{200}通り、つまり五を二〇〇回掛け合わせただけ存在することになる。10……00のように書いてみると、一の次に0がほぼ一四〇ほど並ぶ。

かりに、ものごころついてから年老いて死ぬまで、ひたすら碁を打ち続けたとしよう。それでも生涯にわたる全対局数は、右の数に比べたら九牛の一毛ともいえないぐらいの微々たるものである。それどころか、囲碁が輸入されてから今日まで行われたあらゆる公式戦、非公式戦を数えても、つまり名人戦から熊さん八っつぁんの対局まですべてひっくるめても、とてもとてもこの数には及ばない。はやく言えば、専門棋士が失業することは決してない……のである。

将棋の場合は

将棋でも事情は同じである。たとえば第一手と第二手（後手の最初の指し手）の種類はどちらも三〇通りであるが、まずは角みちをあけるか、飛先の歩を突くか……の僅かの場合しか問題にならないだろう（「王将」で有名な坂田三吉翁は、第二手めに端歩を突いたという記録はあるが）。やはり適当な指し手を平均五通りとすれば、終了まで二〇〇手なら0は一四〇並び、一五〇手で終わる試合なら、その種類は一の次に0が一〇〇あまりもつくという、大変な数になる。とてもこんなものを、人間わざで憶えきれるものではない。

しかし、あくまで人間にはわからないだけであって、双方ともに最善の手を指したらどうなるかは、先にも述べた通り、すでに決まっていると考えてもいいであろう。碁の場合には……おそらくは、先手が四目か五目かの勝ちになるのではあるまいか。

それでは将棋ではどうなるか。次のようにいろいろな結論が考えられる。

①先手必勝
②先手必敗
③千日手（ほかの指し手を指すと不利になるので双方が同じ手を繰り返し指して無勝負となる）
④双方入玉（玉が敵陣に入りこむ）引き分け

あるいはここで、②のケースはあり得ないと反論されるかもしれない。将棋には飛車や金のように横に利く駒がある。だから双方最高の駒組みに達し、互いに突っ掛けた方が損だとさとったときは、たとえば２八の飛車を４八に動かす。後手も同じように飛車を四間に寄せる。したがって②は必然的に③になると。

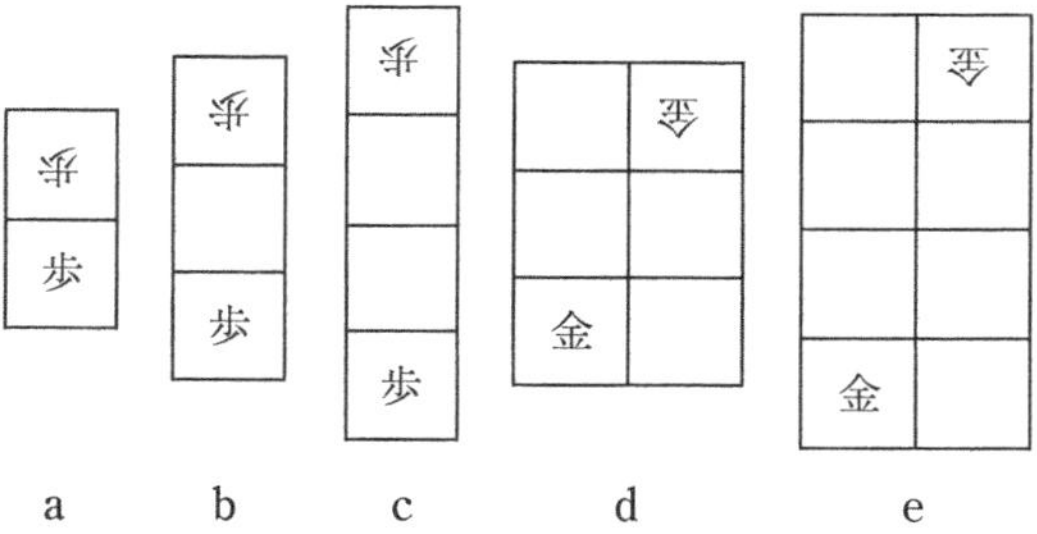

図２　簡単化した将棋

おそらく実際にはその通りであろう。しかし理屈だけを考えたとき、先手が手づまりで飛車を横に動かした瞬間が、実はほんの僅かのすきであるかもしれない。後手はこのすきに乗ずる方策がある……ということも、一応考慮のうちに含めておかなければなるまい（将棋にはパスがないから）。

とにかく実際の将棋は複雑すぎて、始めから勝敗などとても予測できないが、簡単なものに置き換えることにより、見通しを明るくすることは可能である。

そこで将棋を思い切って簡単にしてしまい、相手の駒を最初に取ってしまった方が勝ち、ということにしてみよう。

図のａでは先手必勝、ｂは先手必敗、ｃは先手必勝である。ｄとｅでは双方とも最善を尽くせば千日手、指し手を誤れば負けになる。ただしｄで、金がもし銀であったら先手必敗、同じくeの金が銀ならば先手必勝となる。

本ものの将棋は要するにこれらの複雑化にすぎない。ということは、かりに人間の脳細胞の数が現在よりもうんと多いとしたなら、あるいは将棋盤に並べられた駒を見たとき、われわれがいまここに描いた簡単な図を見ているのと同じように、即座に解答がわかるかもしれない。

真実は不明ではあるが、あえてよけいなことをひとことといわせてもらえば、筆者のカンでは——もちろん筆者は大のヘボであるが——双方ともに最善手を尽くしたら③の千日手になるような気がするが、いかがなものであろうか……。

わからないということ

ゲームのことについて述べてきたが、要はわからないという事柄をはっきりさせたかったからである。同じ程度の棋力のものが対局をしたら、どちらが勝つかわからない。ゲームの途中で、どの手が最もいいのか判断できない。終盤戦で、多少よみを深くすれば確実な勝利が見えているのに、つい見落として負けてしまうことすらある。

とにかく、このような意味でのわからないということは、ことがあまりに多様でありすぎるために、一人の人間の頭脳では全部の場合をよみ切れない……ということである。ということは逆に、大型コンピューターを使うなり、あるいは何万人何億人を動員して、おのおのてわけをして

最初の一手で勝負あり

問題処理にあたったら、事柄は確実に判明するという性質のものである。

それでは同じゲームでも、カードや麻雀の場合はどうだろう。競技者は次に配られる（あるいは引いてくる）ものが「ハートの3」か、「五万」であるか、まったく知らない。したがって方策としては確率的にしかそれをたてようがない。いいかえると、自分がわかっている範囲で（たとえば自分のカードと場にさらされているカードに関して）最善策をとっても、勝負にまけることはある。こんなとき、われわれは「運」がなかったという。

しかし、次に配られるカードが何であるかわからない……ということは、あくまで当事者がわからないのであり、たとえば第三者がそっと後ろにまわって覗いてみれば、彼に対しては判明している事実となる。カードをきるときのちょっとした力の使いかたでダイヤの6は何枚めかに収まり、牌をかきまぜるときの誰かの指先の力で、紅中はある場所に埋まる。裏返しにされた牌をすべて暗記して、しかもどの牌がどこに積み込まれたかを憶えることは、将棋のあらゆるケースを覚え込むのと同じように人間わざでは無理である。もっとも麻雀の方はある程度の枚数の牌を記憶して、しかも自分の思う場所に並べてしまうひともままあるようだが、世間ではこれをイカサマ師とよんでいる。

よみさえ充分ならば、理論的には当事者にもわかるゲーム（碁や将棋）もあれば、ルールとして競技者には知らせないもの（カードや麻雀）もあるが、第三者にはすべてが判明しているわけである。

予言の神さま

第三者という言葉が出てきたが、古くは「傍目八目《おかめはちもく》」の傍目がそれに相当する。カッカとしている対局者にくらべ、はたから見ている人には八目も先がよめる、というのが傍目八目の意味である。今ふうに言えば第三者の利点ということになろう。

縁台将棋に口をはさんだがためについ刃傷沙汰に及んだ、などという話は時代小説のたねにされる。これは、当然第三者であるべき人が、思わずその立場を失念してしまったためであるが、第三者とは本来そのような、つまり当事者どうしに何らのかかわり合いももたない存在でなくてはならない。もっと厳密にいえば、その人がいたために一方の対局者に涼しい風が当たらなくなって、ちょうどそれが旗色の悪い方であったがためにとたんにイライラしはじめた、などということもあってはまずい。

いってみれば風か透明人間みたいな存在がほんとうの第三者である。

今ここに非常によみが深くて正確で、しかも広範囲にものを見ることができる第三者がいたとしよう。ふつうの人間の何億倍、何兆倍もの能力を持ったスーパーマンである。

彼の能力はゲームばかりでなく、あらゆる分野で発揮される。たとえば彼が、日本のすべての道路の交通状態を見たとする。東海道の藤沢から横浜にかけて混み合っているのを発見する。一時間後には東京の玄関、世田谷、玉川付近、五反田、品川で渋滞が起こることを予測する。もっともそれくらいの予測だったらわれわれにも可能であるが、この第三者は狭いわき道の交通状態も見通しであり、さらにこれから自動車でどこそこにでかけよう……としている人までわかるとしよう。ここで考えた第三者はそれほどの超人なのである。したがって彼には一時間後、二時間後、さらには明日、明後日の交通情報まで、予告できる。

この第三者がもっともっと超人ぶりを発揮すると、明日の天気、あさっての気温、一ヵ月後の気象状況を予言するのは朝飯前ということになる。将来の鉱工業の伸び、インフレの増加の程度、国民の所得……それも単なる平均値でなく、どこの何兵衛はどれくらい……というように個人個人について予測できる。

この論法を無制限に広げていくと、彼には太郎の運命も、花子の生涯も見通しである……ということになってしまう。

どのような原因に対しても、帰結される結論というものがただ一通りに決まっていれば、この万能の第三者には将来のあらゆる現象がピタリと予言できるのである。

現在の状態がいかに複雑多様であっても、彼にとって未来をよみとることはいとも簡単な仕事である。原因と結果との関係がいかに入り乱れ、ややこしい法則になっていようとも、彼にはそのすべてのケースを判読する能力が備わっているのである。

人間だって物質ではないか？

話は急に向きを変えるようだが、今度は物理学の立場から、世のあらゆる現象を考えていくことにしよう。物質をこまかく分析していけば遂には分子になり、さらに分子は原子になる。原子はわずかに九二種類、人工的な元素（たとえば九三番目のネプツニウムなど）を考えたり同位元素を別勘定にすれば種類はもっと増えるが、とにかくそれらの性質は化学的な知識で充分に解き明かされているものである。

自然現象はもちろんのこと、植物、動物、さらには人間といえども物質であることに変わりはない。とすれば、人間の身体も脳も、化学で習う原子からできているわけであり、人間の頭脳だけが特別な原子——つまり化学教室などにはりだしてあるメンデレーエフの表にのっていないような未発見の原子でできている……とは考えられない。

また、たましいというものが人間以外のどこかにもともとあって、われわれの誕生と同時に飛びきたって脳に巣くった、とする考え方も思案してみるとやはりおかしい。生物が現れる以前には何に宿っていたのか、という疑問がわくからである。空間や石や海や山にたましいが宿ると考えるのは、アニミズム（精霊信仰）の昔だけでよいであろう。他の天体から、というのも空想でしか許されない。

そうすると、人間をもふくめて自然現象というものはすべて——雨が降るのも風が吹くのも、鉄がさびるのも池の水が凍るのも、太陽が東から昇るのも、日食が起こるのも、結局は原子が寄ってたかってひき起こしている現象である……としてもよいのではないだろうか。

いわゆる人間として活動——記憶、意志、欲望、といったようなものも、結局は分子の形態、原子の多寡、電子の遊離の状態（つまりイオン）あるいはその移動（イオンによる微弱電流）などでほとんど説明されることにもなるだろう。

しかし、だからといって、しょせん人間なんて……などというつもりではない。

たとえば、ここに印刷された一字一字は紙にしみこんだインキという物質にすぎない。しかしそれらをいくつかつらねたものは確実に意味なり思想なりを表している。文字はひとえに、そうした目に見えない意味や思想を表すためにあるわけである。

人間の意識、精神、思想なども物質的な基盤を持つものではあるが、いわんやまぼろしではない。できのよしあしは別として自分はほかならぬ自分であるという自覚、人間であるという統一的認識のもとに、低次の意識から高次の認識へ、原始の思考から高尚な思想へと、観念的な素材を用いて抽象的な構築が行われてゆく。一方、物質としての個々の脳細胞に起こることといえば、いいい単なる複雑化以外の何事でもない（だろうと思う）。無数の下等生物が、ワーッと群れて蠢《うごめ》いているさまは無気味であるが、精神という無形の統御者を失った脳細胞もまた、そのようなものであろうと思われる。人間が物質からできていることは確かであるが、物質そのものでは決してない、ということである。念のため……。

玉突き台上の玉の行動

なにはともあれ、自然界の現象とは、原子が、さらにはイオンと電子が、またときには陽子や中性子が、たがいにからみ合い乱れ合ってひき起こされた結果のことである。

ここに玉突きの台がある。ある時刻に一つの玉が台の上を走っていたとする。玉と台との間の摩擦は全くなく、空気の抵抗も全然考えなくてもいいと仮定してみる。

玉は台のへりに衝突するが、そこで完全反射するものと考える（つまり反射しても勢いが全然そがれない）。図3に描いたように入射角と反射角は等しく、速さは変わらない。玉はいつまでも動いていく。

何回か台の中をまわって初めて同じコースに乗ることもあろうが、はね返りはね返りしているうちに、台の上のあちらもこちらも総ナメにしてしまうかもしれない。いずれにしても、われわれはその後の玉の運動を正確に予言することができる。何年後だろうと、何億年の未来であろうと、適当な手段を用いれば玉の位置と動きは予測できる。

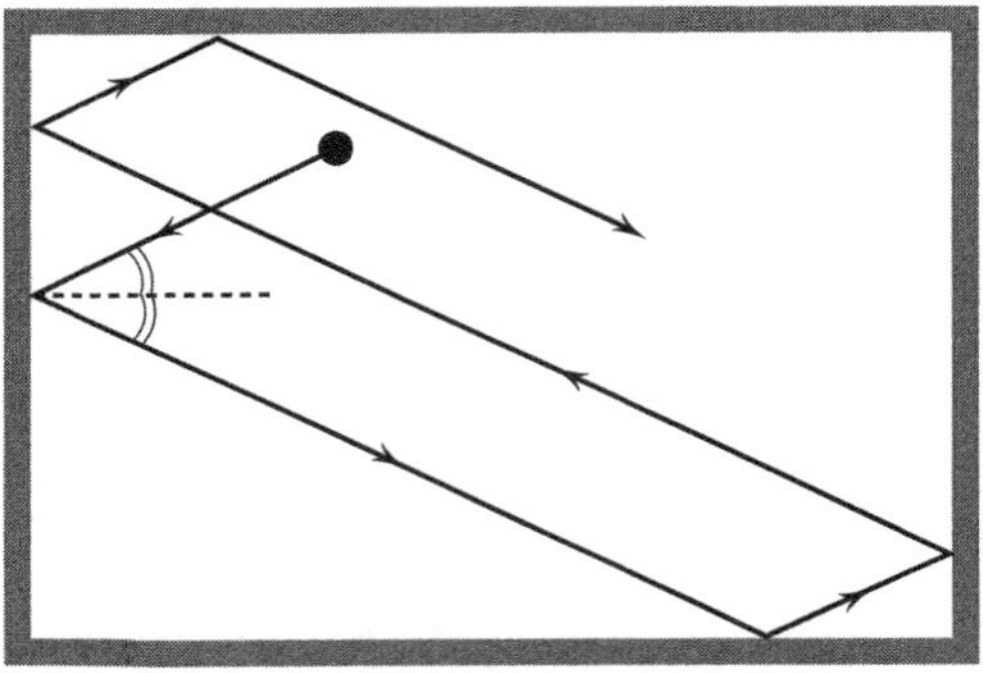

図3　玉突きの玉の運動

この場合、将来を完全に見通すことができるためには、なにとなにがわかっていればいいか、今一度考えてみると、結局次の二つの条件にしぼられる。

①台のへりに当ったときには規則正しくはね返り、それ以外のときには玉には少しも力が働かない……ということが明らかになっていること。

これを一般的にいうと、問題の玉が他の物体とかまい合うとき（物理学ではかまい合いのことを相互作用という）、そのからくりが完全にわかっているということである。

②ある時刻——たとえば「現在」という一瞬間——での、玉の位置と速度（速さばかりでなく、走っている方向をもふくめて）とが判明していること。

以上の二条件がはっきりしていれば、われわれは玉に対して、その将来の予言者になることができる

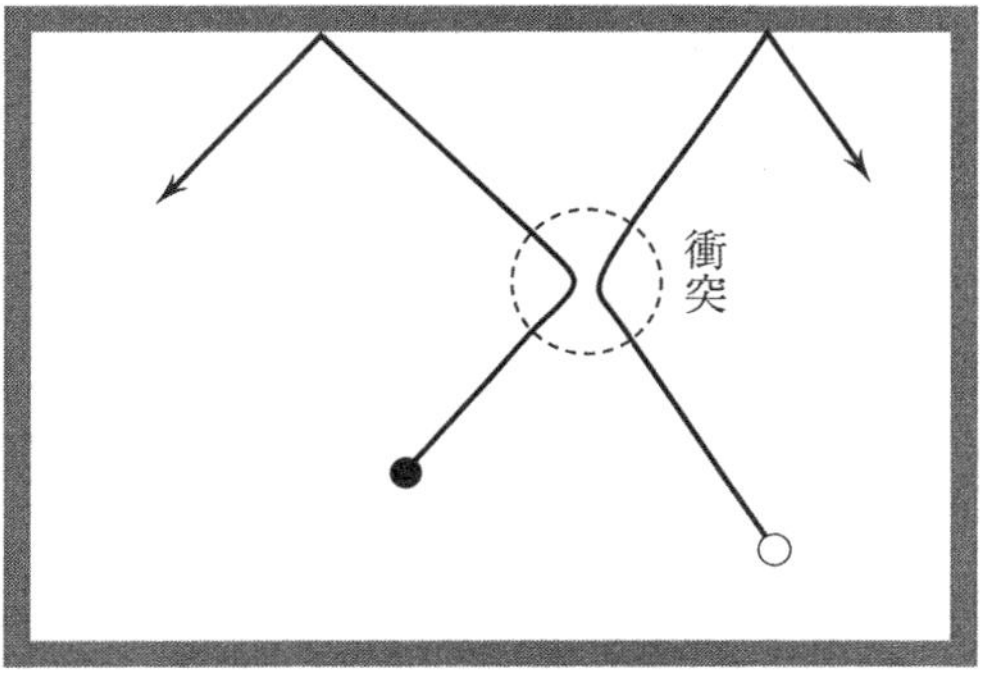

図4　衝突しても行方はきまっている

であろう。

玉の数が多ければ……

それでは台の上を二つの玉が動いていたとしたらどうなるだろうか。このときも①と②の条件はわかっているとする。

今度は玉と玉との衝突も考えなければならないが、理想的な状態を考えて話をすすめていくことは容易である。第三章で詳しく述べるが両方の玉の運動量（速度かける重さ）を合わせたものは衝突の前後で変わりなく、しかもはね返りの係数を1とするのである。わかりやすくいえば、正面衝突ならそのままもとのみちを帰るようにはじかれ、ななめ衝突なら力学の法則に従って上図のように曲がっていく。衝突後の進路や速さは、衝突前の両玉の状況から正しく計算することが可能である。さらに、ある時刻における両玉の位置と速度は判明している。

長い時間のあいだには、二つの玉は何度も何度も衝突するだろう。しかし何億年後の状態でも、コンピューターに命令しさえすれば……おそらく答えは得られるだろうが、ばかばかしいからやってみないだけである。

玉の数が三つでも、あるいは四つでも五つでも……事柄は同じである。三重衝突でも四重衝突でも、衝突の法則は決まっているから、爾後《じご》の行動は明らかである。

一万個、一億個……の玉があっても、すべての玉の現在の位置と速度がわかっていれば——そんなことは事実上は不可能だが——理屈だけを考えてみれば、それらが将来どうなるかは、確定しているのである……といってもいい。

つまり強調したいのは、「現在」という時点において、はやくも「将来」が決定しているということである。台の上を動いているたくさんの玉に、われわれが手を触れるというようなよけいなことをしなかったら、Aという玉は二三五日後には台のどのへんをどんな速度で走っているか……現時点において正しく予言できるのである。そうしてこの予言は、絶対にはずれることはない。

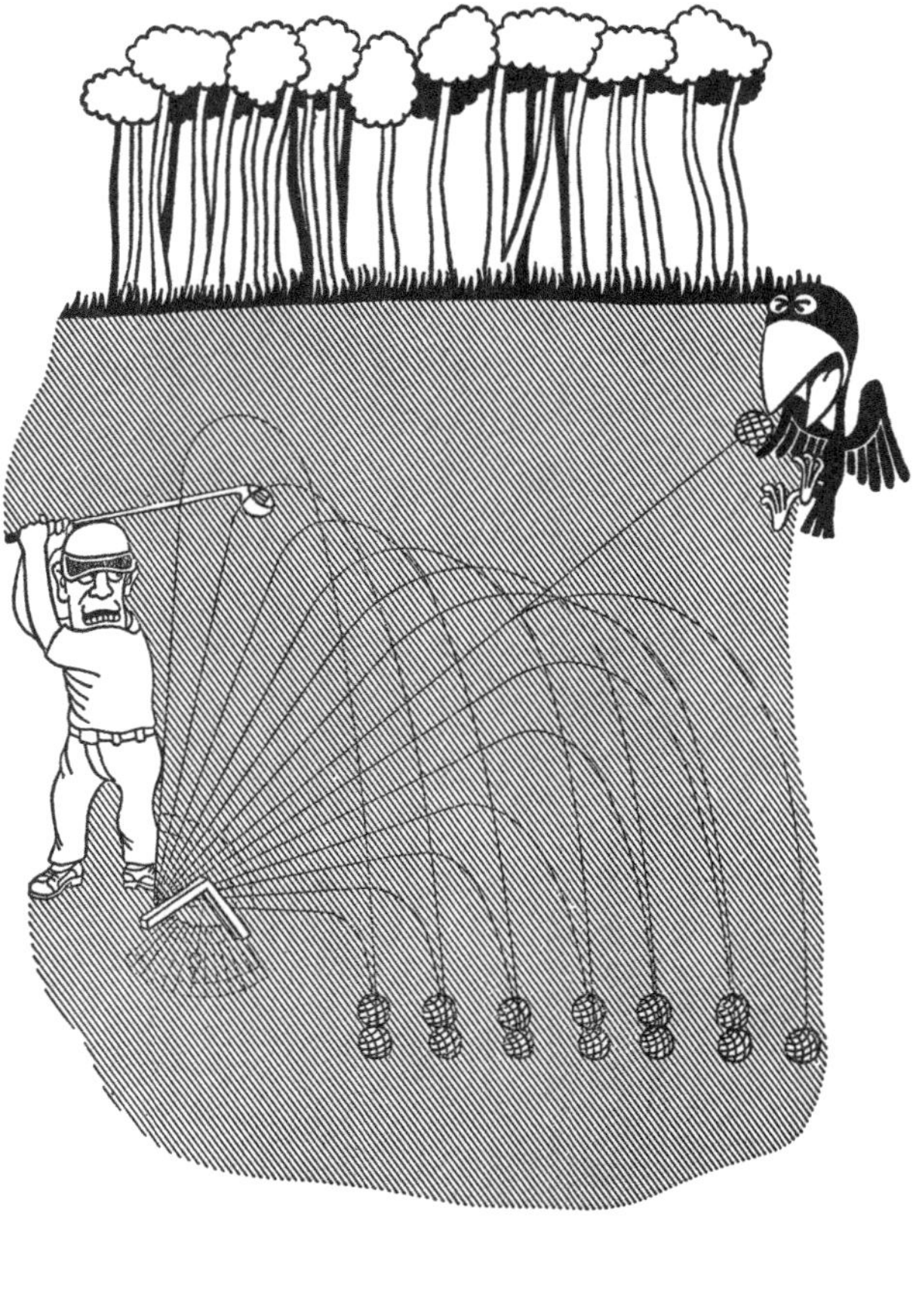

現在において将来は確定

玉突き台は大自然の縮図

勝負を始める際の——あるいは戦闘の途中でもかまわないが——盤上の将棋の駒の位置はわかっている。そうして各駒の動きは、ルールにより指定されている。そのとき、万能の第三者がいたら、勝ち負け（千日手もふくめて）は一目瞭然である。

同じように玉突き台の玉は、いかにその数が多くても、現時点での位置や速度が判明していたら、将来の状態も確定してしまう。

自然界を形成するものは、原子——さらにこまかくいえば素粒子——である。とすると、自然現象も、将棋や玉と同じように考えられないか……ということになる。

玉突き台に相当するものは——いささか話が飛躍するようだが——宇宙である。そして玉は、宇宙の中にある原子、または電子、光子、核子（陽子と中性子をまとめて核子という）などである。

自然界とは、しょせんは莫大な数の素粒子が相互作用している舞台のことである。ただ、素粒子間に働く力は、玉突きのような簡単な弾性衝突ばかりではない。核子はお互いどうし非常に強い力で（力の強さをふつうはエネルギーで表して、核子間の位置エネルギーを湯川ポテンシャルという）結びついている。また電気を帯びたものは、衝突しなくても近づいただけで引力や斥力を及ぼし合う（これをクーロン力という）。

また気体状の酸素分子O_2と、二つの水素分子H_2とが三重衝突する場合、衝突するいきおい

（ぶつかる速さ）が小さければはね返ってしまう（弾性衝突）が、激しくぶつかれば原子を交換して二つの水蒸気分子（H_2O）をつくってしまい、これが猛スピードで走りだす。しかし、弾性衝突をするか、それとも化学反応をするかは衝突前の三つの分子の速度であらかじめ決まっているわけであり、とにかくどちらになるかは確定している事柄である。

さきに挙げた条件①の相互作用の仕組みは……非常に複雑ではあるが――機械論の立場からいえば――わかっている。そうして、現時点での各粒子の状態（さきに挙げた条件②）も、それを知ることは現実の問題としてはとてもとてもできない相談ではあるが、とにかく知っている（とする）。そうすると、結論はどうなるか？

ゲームの場合の、万能の第三者のように、世の中のあらゆる現象は、先の先までよめているということになる。なぜなら空気も、地面も、月も太陽も、そうして人間の身体までも、すべては原子……さらには素粒子の集合である。そしてこれらの粒子のお互いの作用の機構は……すでにわかっていることなのであるから。

宇宙と物質

玉突き台の玉は摩擦で遅くなるが、真空中を走る粒子は同じ速度で直進する。台上の玉は手でとめられるが、自然界では人間も結局は台の上の玉であり、粒子間の物理法則に従って動く。

玉突き台にはへりがあるが、宇宙空間のへりに行ったらうまくはね返るのかと疑問を持たれるかもしれない。残念ながら、現在のところでは……宇宙のへりというのはどうなっているのか定説はない（もっとも、あまり遠方のことでわれわれの話には直接関係がないが）。

一つの模型として、宇宙は閉じているという考え方がある。もしその通りだとするなら、右側のへりにぶつかった玉は左側から出てくると思えばいい。むこう側に衝突すればこちら側から再び現れるのである。平面な台でなく、球面を仮定してその上に玉が遊んでいるとすれば、ある程度納得できるであろう（左と右がつながっていて、こちらとあちらが連絡していれば……正確にはドーナッツの面としなければならないが……）。

宇宙のはてというのは、現在の科学をもってしても謎である。しかしわれわれの目に見えない彼方に神様でもいて、そこまで飛んでいった粒子は、神の意志によってその御心のままのスピードで戻ってくる……とはちょっと信じられない。宇宙が閉じているにせよ開いているにせよ、やはりこの世の粒子は、正しく物理法則に従って相互作用をしていると考えなければなるまい。

原子、あるいはこれをもっと分割した素粒子は、あまりにも数が多い。目の前の空間に両手を広げれば、その中にほぼ10^{22}個ぐらいの空気分子（正しくは窒素分子や酸素分子）が存在している。この個数は、地球上に住む人間の数と同じだけの星を集め、その星に地球と同じように人間を住まわせたときの全人口の、およそ一〇〇〇倍ほどに当たる。それだけの分子が空間のひと握りの中に泳いでいるのである。

いわんや全宇宙の原子の数などというのは、ただただ気の遠くなるような話である。しかしいかに気が遠くなっても、それらが物理法則に正しく従うということであれば、将来の行動は確定的なのである。人間には複雑すぎてどうしようもない……というだけであり、「どうしようもない」ということは、将来が決定していることを否定する理由にはならない。

かりに宇宙の全粒子のたった今の行動を知っている動物がいたとしたなら（先に述べた万能の第三者のような）……彼には近い将来も、遠い未来も見通しである。

一九世紀の初期に、このような架空の生き物の存在が考えられていた。あらゆるものの将来を的確に予言するその動物の名は……ラプラスの悪魔という。

ラプラスの悪魔

ピエール・シモン・ド・ラプラス（一七四九—一八二七年）はノルマンジーの寒村に生まれ、一八歳のとき、今をときめく数学者ダランベールをたよってパリにでてきた。

幼いころから数学に天分を示し、パリにおいてもみるみる頭角を現したラプラスは、王立砲兵隊の教官を手始めに、いろいろな官職にもつき、エコール・ノルマールやエコール・ポリテクニクの設立にも一役買うほどになる。有名なラグランジュとも親交をむすび、エコール・ノルマールではともに教壇に立ったという。

ときあたかもナポレオンの時代、世界最強のフランス陸軍の隆盛とともに、ラプラスの社会的地位もとんとん拍子に昇り、ナポレオン皇帝の内相までつとめた。

もっとも、これにはナポレオンの買いかぶりがあったらしく、ラプラス内相はわずか六週間で罷免されてしまった話が有名である（明智光秀の三日天下よりはましだが）。しかしナポレオンはなんとかして彼を好遇しようと、その後もいろいろな官職を与えてみたといわれている。

一八一四年、やがてナポレオンの失墜が訪れるのであるが、そのとき、議会でラプラスが投じた一票は、かつての英雄追放への賛成票であったというから辛辣《しんらつ》である。胸中、今にしては計りがたいが、赤貧から築きあげた名士としての生活はすてるにしのびなかった――と思えないこともない（ラプラスは自分の前身を明かすことをとても嫌ったそうである）。ナポレオン没落後も巧みな政治的手腕により、ルイ王朝につかえて侯爵になり、社会的地位は安泰であったといわれている。

数学者には、数学だけに生き抜いて世の俗事には全く無関心という人が多いが――たとえば彼の晩年の頃世に出たフランスの数学者ガロア（一八一一―一八三二年）は、しがないヤクザとの決闘で二〇歳の命を落とし、同時代のノルウェーの数学者アーベル（一八〇二―一八二九年）も僅か二六歳で死んでいる――彼の生涯はこれら夭折《ようせつ》した若手にくらべて、甚だ対照的である。

政治家としてのラプラスは、あるいは俗物であるとの非難を免れないかもしれないが、数学上の研究として微積分や測地学のほかにラプラス演算子、ラプラス変換など、彼の名前を付けてよばれている法則や定理は数多い。

ただ、彼の研究の最終目的は天体の運行など宇宙に向けられていたらしく、

「数学とは、物理学を解くための道具である」

というのが、終始一貫した態度であったといわれている。

とにかく空を仰いで天体の複雑な運行を分析し、それにニュートンによって完成された力学の法則を当てはめると、天体の軌道はまさしく計算通りになっているのである（このことは、のちに一般相対論により、多少の修正を余儀なくされたが……）。

さらに、数ある星の将来の位置も、現在の状態から正しく予測できるのであるが、実際に望遠鏡で観測していると、その予測にぴったり当てはまっており、いささかの狂いもない。

世の中万事、推《お》しはかられざるはなし……これが長年天体を観測し続けた彼の信念になっていくのである。

天文学のようにニュートン力学が正確に適用できる研究に従事したものとしては、当然の思想かもしれない。天体の、現在の位置および速度はわかっている。星と星との間の引力は、両方の質量をかけ合わせたものに比例し、距離の二乗に反比例する……。一〇〇年後、一〇〇〇年後の

星の位置は今からわかっている……星ばかりでなく、森羅万象ことごとくが同じ考えに統一されてしかるべきである……というのが彼の結論であり、この結論から生まれた想像上の抽象生物が〝ラプラスの悪魔〟である。これは彼の著書『確率に関する哲学的考察』に登場している。

確固たる因果律

ラプラスの悪魔はこの宇宙に本当に存在するものなのであろうか？　前章の新聞記者氏の感想ではないが、理屈としてはどうも存在すると考えた方が妥当のようでもある。

もしそうだとすれば、われわれは全力を挙げて現在の自然界の状態を調べてやり、できる限りの努力をして物理法則を研究していくことにより、いくらでも将来を占うことが可能になってくる。

地殻のひずみから地震が予知され、太陽での核融合のもようがもし完全にわかれば、黒点の出現や磁気嵐なども説明され、地球の周囲の大気の状態などとてらし合わせて、明日の天気、その年の台風の発生の数、さらには翌年の米やジャガイモの収穫高までわかる。

天候や気温のような天然現象だけではない。ラプラスの悪魔はこの世のすべてのできごとを予言する。農産物や漁獲量はいささか自然現象に近いが、一〇年後の石油の消費量、鉄鋼の生産量、交通の混雑の度合い、地価の騰貴なども、すべて原因から（その原因は非常に複雑にからみ合っているだろうが）正確に推論できる結果である。人間の貧弱な知慧や経験ではどうしようもないが、ラプラスの悪魔はスーパーマンである。因果関係さえはっきりしていれば、複雑さ、多様性など、彼にとってはものの数ではない。

先を見通すものは強し

「明日のことがわかれば、太閤さまが天下をとるよりもいい」

と商人はいう。おそらく商品相場や株式市況を対象にした言葉だろう。確かに明日の相場がわかっていれば、ささいな資本から一〇〇億や一〇〇〇億もうけるのはわけはあるまい（複利式利殖がいかにはげしいものかは、計算してみればすぐにわかる）。一〇〇〇億、あるいはそれ以上の利益……確かに太閤さまでもこんなことはできなかったに相違ない。宝くじでも競馬でも、話は同じである。

武力の争いであれ、経済力の競争であれ、先をよんでいた方が勝ちになる……という例は非常に多い。その年の気温により、小豆の相場は大きく影響される。北海道地方の気温が夏期に低かったなら、小豆の値段は暴騰するだろう。買い方は勝ち、売り方は敗退する。一八一二年のナポレオンのロシア遠征や、第二次世界大戦のドイツ軍のソ連攻勢も、いずれも失敗に終わっているが、天候に対する予報の誤りが攻撃軍の挫折の原因につながっている。ヒトラーは一九四二年冬のロシアの気温はあたたかいと判断し、ソ連軍は猛烈な冬将軍の到来を予期していた。結果は……ソ連側に軍配があがった。

先見の明を持つ者は強い。先を知りたい、一日でも一時間でもいいから将来を見通したい……この強い欲求は二〇世紀になっても、占い師や手相見を繁盛させる結果となっている。

人間の身体にまで因果律を当てはめれば

人間の身体（もちろん脳までふくめて）にまで因果律を当てはめたらどうなるだろうか。たとえばトラックの運転手Aは、必然的に前夜遅くまで働き、今朝も早起きして交叉点にさしかかることになる。このとき居眠り運転の状態になっていることも……初めから決まっていたことである。一方自家用車を運転するBも、身体を構成する原子やイオンの動きに正しくしたがって、前夜は徹夜マージャンをする。翌日ドライブしようという欲望も因果律にしたがってのことであり、交叉点にかかった頃には極度の疲労状態になっているという事実も、ラプラスの悪魔のスケジュール表にはちゃんと書き込まれている。こうして、両車は激しくぶつかる。衝突はもちろん力学の法則通りに行われ、Aは重傷、Bは死亡することも筋書き通りである。これを目の前に見た某は、その夜の食事がのどを通らない……ということも実は悪魔にはとっくにわかっていることである。

すべて悪魔のスケジュール通り

われわれの誰もが、自分の死の時期を知らないし、他人の運命についても予測できない。経験豊かな名医や死刑執行官なら、あるいは他人の死の時間を予知しているかもしれないが、これはあくまで例外である。死の時期どころか、明日一日の生活でさえ、さだかではない。もちろんわれわれは、自分あるいはその周囲の現状について、相当程度の知識は持っている。そうして社会生活は毎日、どんなふうに運営されているかも知っている。だからかなり大きな確率で明日を予言することは可能である。六時半起床、七時朝食、九時会社到着、午前中は事務執行、一二時昼食、午後会議……などのスケジュールはまずまずとどこおりなく行われるだろう。しかし、それ以上の詳しいことは、明日になってみないとわからない。

しかしもし、確固たる因果律を認めるならば——いいかえればラプラスの悪魔の存在を承認するならば——明日といわず、一年先、一〇年先……の自分の生活も、すでに確定しているのである。

悪魔に支配された人間像

われわれの運命というものは、目に見えないところですでに決まっているのであろうか。たとえ決定していたとしても、どうせ人間にはわからないことだから、同じではないかと主張されるかもしれない。それも一つの理屈だろう。しかし粒子の運動は必然の結果を招来するという立場をとれば、われわれの運命の客観性を認めたことになり、一方、すでに述べたような力学を容認しなければ、運命の客観性は放棄されたことになる。前者では、とにかく調査というものを厳重にすればするほど将来の様子はそれに応じて明らかになっていくのに対し、後者の立場をとれば、ある段階から先のことについては全く予言のしようがないということになる。

　自然界の事象に対しては、因果律は成立しているかもしれないが、しかし、人間自身については、そのひとの心掛け、気の持ち方、努力……などで、どうにでも変わっていくものだ……と考えたくなるのが一般の人情である。「俺の運命が力学の法則で決まってたまるか」といいたいのである。走る前から着順の決まっているレースなら汗をながすだけむだである。

　しかし……である。ラプラスの悪魔は、あくまで意地が悪くできている。Aという人があるとき、何ごとかに感激して発奮したとする。ところが発奮そのものが、すでに予定のスケジュールなのである。過去からの脳細胞の運動と、Aがその日偶然に（偶然に……というのは、単に言葉のあやとして用いたのであり、悪魔にいわせればもちろん必然に、である）遭遇した事件との相互作用として、頭脳の分子が励起状態になるのである。Aが「よし、ひとつ頑張ってやってやろう」という心理状態を客観視したものが脳分子の励起状態（たとえば原子のイオン化）なのである。

　これに対してBという人間が『不確定性原理』という本を読み、「まさにその通りだ、運命なんてもう決まっているんだ」と仕事をほっぽりだしたとする。これも実は悪魔の手帖に書かれたスケジュールであり、Bは某月某日書物を買い、それを読んだ結果、いささか退廃的な気分になり、その後は……と記入されているのである。

とにかく因果律を認める限り、このように考えざるを得ない。ラプラスの悪魔を容認するなら、人間だけは別ものだ……とすましてはいられない。さきに述べたように、人間といえども原子から構成されているわけであり、記憶、欲望、決意、努力……など、結局は原子の配列とかそのイオン化に帰せられるからである。心理として説かれているさまざまな立場も、つまるところは物理学という客観的な見解に統一されてしまう。もしラプラスの悪魔を認めるならば……どうしても議論はここまでこなければならない。

悪魔に挑戦するもの

われわれの運勢は初めから与えられたもの……では、いかにもわびしい。強くみちを切り開くことこそ人生だ、だからラプラスの悪魔などいるはずがない、と読者諸賢はがんばるかもしれない。しかし感情的に否定するだけでは科学にならない。悪魔は原子の組み合わせ、イオン化、さらには陽子、中性子などの相互作用というような堅固な武器を持っているのである。素手では、とてもこれとはたちうちできない。

実際のところ、現在の科学では人間の身体について、特にその脳細胞の働きは、決して明らかになっていない。脳といえども単なる原子の配列であるとみなせるとしても、その働きは、従来の物理法則だけで説明できるという保証は何もない。生命の現象を、細胞から分子、原子、イオンの仕組みにまで立ち入って、それを解明していこうとする研究は、やっとその緒《しょ》についたばかりなのである。

しかしながら、こと物理法則だけに限れば、二〇世紀の物理学は、ラプラスの悪魔を激しく攻撃し、これを叩きのめした。しかし物質の究極は粒子だから、大は天体から小は原子まで、自然は粒子相互間の物理法則にしたがうはずである……という、一見非常に堅固に思われる思想をこわすには、さらにそれ以上の高度の思索と精密な実験が必要であった。

究極としての原子（アトム）については分光学の発達、エックス線技術の進歩、さらには質量分析器（トムソンやアストンによる）とかアルファ線の衝撃（ラザフォードによる）などにより、しだいにその世界のからくりが明らかにされてゆく。そうして物理学者の目は原子から、さらに電子にそそがれることになり、一方では、自然界を英知の目にさらす光について積極的な測定と考察が進められていった。

その結果、電子といえどもつぶであるから玉突きの玉と同じ力学法則の支配を受け、光は波であって波動の古典力学にしたがう……とするまともな考え方が深刻な衝撃を受けるのである。自然の究極に既存の物理法則では律しきれない世界がある……このことは、古典力学を絶対のものとして築かれた自然の因果律に、ヒビを入れる事実ではないだろうか?

革命期の混沌《こんとん》は、まさに因果律に慎重なメスを入れることで一条の光を導き入れた。それでは物理学はいかにして原因と結果の間につながる絆《きずな》を断ち切ったか……この本はそのいきさつを書いたものである。ラプラスの悪魔へのチャレンジの記録だと思っていただいていい。悪魔へ真っ向から斬り込んだのは若き日のハイゼンベルクであり、悪魔に致命傷を負わせた武器を、不確定性原理という。

第二章　ある思考実験

本番一分まえ！

一九六九年の暮れの衆議院選挙で、立候補者のテレビによる政見発表が初めて採用された。日頃、議会の壇上でしゃべりまくったり、弥次をとばしたり、あるいは後援会や親睦会などで郷党を集めて大いに貫禄のあるところを示している先生がたも、ことテレビとなるとはなはだ勝手が違うようである。

「テレビで大写《うつ》しになるのは、生まれて初めてじゃ。タレントも悪くないのう、わっはっは」

と豪快に笑う候補者に、係員が、

「本番一分まえです！」

と声をかける。とたんに、先生の声はピタリと止まる。一瞬、緊張感がはしる。両手がネクタイにいったかと思うと、次にポケットに入り、今度はズボンの上から膝をさする。係員が注意してよく見ると、両足ともふるえていることが多いという。こうして、キュー（合図）がきた頃には、さきほどの磊落《らいらく》さはどこへやら、うわずった声が頭のてっぺんからでてくる。

家庭でテレビを見ている者には、この候補者が先ほど見せていた「わっはっは」はわからない。緊張に固まった顔に何分間か対面していることになる。つまり、茶の間の大衆にとっては、この候補者は神経質の権化のようなものである。実際は太っ腹な人間なのだが……などとは、誰も考えない。

これは筆者の経験だが、あるテレビ・タレントの顔を楽屋で無造作にカメラに収めたことがある。彼は、舞台でのニックネームとして熱帯産のある猛獣の名を頂戴している。筆者はその動物氏が振り向きざまにシャッターを押したわけだが、できあがった写真を見るとても良い顔をしているので驚いた。カメラを見たとたんに、芸能人としての職業意識が反応したのであろう、にこやかといおうか、実に好漢然とした若者の顔が、そこにあったのである……。

当てになることとならないこと

テレビ・カメラを向けると緊張する（あるいは良い顔になる）話と、これから述べていこうとする物理学とどう関係があるんだ、といぶかる読者もあるだろう。昔の物理学……一九世紀のうちにほとんど完成したと考えられた古典物理学だけについていえばただの閑話でしかない。

古典物理とはどんな性格のものであるか――それについては、ラプラスの悪魔などからある程度の知識を得られたことと思う。ニュートンは一七世紀から一八世紀にかけての人であるが、そのの少し前にガリレオやケプラーが現れている（ガリレオはピサの斜塔から大小二つの鉄球を落とした話で、ケプラーは惑星運動のケプラーの法則で、多くの人に知られている）。一七世紀から一八世紀にかけては、まさに力学の世紀であったといってもよいだろう。さらにさかのぼって一六世紀にはルネッサンスの華が開く。しかし、それ以前は暗黒時代――つまり、地球が動くといっただけ

カメラに向かったときだけの特別な顔？

で火あぶりにされるような、神一辺倒の時代が一〇〇〇年近くも続いている。

こうみてゆくと、「陛下、私には神という仮説は無用なのです」とみえを切ったラプラスの心意気もわからないではない。自然科学は神をすてた。そのかわりに採用したものは……冷静に超然と、自然を客観的に記述するという態度である。

極端な話だが、「おなかが空《す》いた。この空きぐあいなら今ちょうど一二時だ」と思ったとしても口に出せば失笑を買う（東京で、ハスの花は四時に開き、スミレの花は一二時、ツキミソウは一八時に開花するそうである。これにくらべると腹時計は当てにならない）。ところが時計を見ながら「今、何時何分」と言われると、これは疑う方がおかしいとされる。装置は理屈としていくらでも精密にできるし、人間のあやふやな主観やおもわくも入る余地がないからである。

たしかに人間の感覚はあいまいであり、機械のそれは正確だ。そこで、一人一人の目や心が主観の代表であれば、機械や、さらには紙に印刷された公式などは客観の代表であるとされる。こうして、理想的な精度の観測機械と怜悧な計算とを使ってやれば、宇宙の森羅万象についてまぎれもなく客観的な結論にゆきつくことができる——とわれわれは普通考える。事実、科学は第三者として、超然と自然を観察できる——というのが古典物理学の信念であった。

だが、はたしてその通りなのであろうか？

これはいささか肩ひじ張った問題だ、と思われる向きがあるかもしれない。それでは量子ボールを思い出してみよう。奇妙といえば奇妙、ふしぎといえばふしぎではあるが、しかし、そのような常識はずれのもの（大きさこそボールとくらべて遥かに遥かに小さいが）がこの世に存在するのである。どうしてだろうか？　答えは、ここで問題にした客観の意味を、きびしく問いつめたところに発見される。

テレビで見たあの候補者は、いつも極度に緊張した顔をしている――と思う素朴な態度と、あれはカメラに向かったときだけの特別な顔である――と考えようとする態度とが、自然科学の古典と現代を分かつ重要な一線を画することになる……。

ありのままには測れない

カメラを向けると一瞬表情が変わるというのは、人間のもつ反射神経のせいであろう。それでは自然現象に対してわれわれがこれを測定してやろうとすると、相手の表情が変わるのか？

表情が変わるというような言葉が適当かどうかは疑問だが、そのように考えてさしつかえない。特に観測の対象が原子、さらには電子のように小さいものに対しては、その傾向が著しい。

いきなり原子の世界を考えるのは話が走りすぎるから、少しわかりやすい例から入ってみよう。

体温を測るには体温計を用い、気温を測るには寒暖計が使われる。そのほか熱電対温度計とか光高温計、抵抗温度計などもある。しかし普通には、水銀またはアルコールの熱膨張を利用した温度計がなじみぶかい。

温度計を物質の中に入れてやってしばらくすると、まず水銀なりアルコールなりがその物質と同じ温度になる。体温計で三分計とか五分計とかいうのはその時間をさしている。そしてそのときの膨張または収縮した体積から、水銀またはアルコールそのものの温度を知る。経験上、接触している二物質の温度はじきに同じになることを知っているから、この温度が物質の温度であると判断してさしつかえない。

したがって水銀温度計では、水銀と（実際には容器のガラスも）相手の物質とを接触させることが絶対に必要なのであるが、しかしその接触のために、相手の温度はほんのわずかだが変わってしまう。

そのような心配があるなら、水銀の方をあらかじめ相手と同じ温度にしておけばいいではないか、そうすれば水銀と物質の間に熱のやりとりはないから、物質の初めの温度を乱すことはない……といわれるかもしれない。だが相手の温度を知らないからこそ温度計で測るわけであり、初めから物質の温度がわかっていれば、温度の測定という操作自体がナンセンスになる。

それでは水銀の量をうんと少なく、それを入れたガラスもこれまた極度に薄くしてそれを浸したぐらいではビクともしないようにしておいたらどうか？

しかし小さくする、薄くするといっても限度があって、ゼロにするわけにはいかない。となると、われわれのよんでいる温度目盛は実は温度計のために乱された温度である、といわざるを得なくなる。測るという操作自身が、すでに対象物の状態を――大げさな言葉を使えば――混沌とさせてしまうのである。

電気や磁気の乱れ

磁石のまわりは、磁界といって特殊な空間になっている。磁界とは、そこに改めて別の磁石を持ってくるとその磁石がある方向に引っ張られるような空間のことである。地球自身も大きな磁石だから、地球のまわりも磁界になっている。そのため中世の三大発明（火薬、印刷、羅針盤）の一つとして、羅針盤は早くから利用されている。

ある空間の磁界を調べるには、磁針（水筒の蓋についているような、方向を調べる磁石の針）があればいい。もっとも磁針だけでは磁界の強さはよくわからないが、磁界の方向は判然とする。

さて、磁界を測ろうとして磁針を持ってくれば、その磁針のために磁界をつくっている大きな磁石が――棒磁石であれ、馬蹄形磁石であれ、あるいは地球にしても――多少は影響を受ける。磁針といえども……小さいながら、磁石であることには変わりはない。この小磁石が、大磁石を、わずかではあろうが乱してしまうと考えなければならない。水筒の蓋についている磁石が、

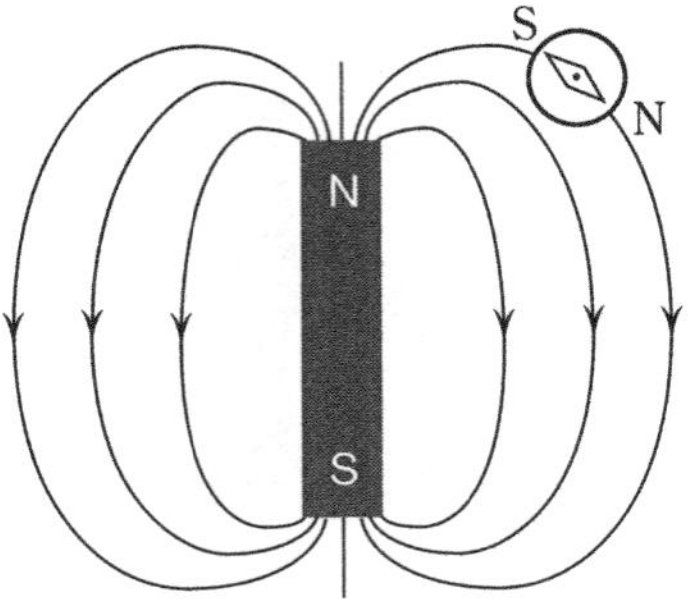

図5　磁界を測定する

地球という大磁石を混乱させるなどとは常識では考えられないが、理屈としてはそういうことになる。つまり、測定器具（磁針）を磁界に入れることにより、磁界は多少とも変化してしまうのであり、われわれが観測するのはこの変化した磁界の様子でしかない。

針金に電流が流れている。電流を知るためにはそこに電流計をはさまなくてはならない。電流計を挿入することにより、電流は僅かに変化してしまう（実際には、電流計の抵抗は非常に小さくて、ほとんど電流を変えないように工夫されてはいるが……）。変化してしまった電流の値を目盛でよむことになる。

電圧計についても同じである。二点の間の電圧を調べるためには、その二点を電圧計でつないで計器の中に電流を通し、そのときの電流の大きさから二点の間の電圧をよむことになっている。電圧計の抵抗は非常に大きくて、流れる電流は極めて微弱であるが、とにかく電流を通したために電圧を狂わしてしまう。

いずれの場合でも、測ろうとする操作自体が、ありのままの姿を乱してしまうことになる。

五〇メートル電波では五〇メートルの誤差

われわれがものの存在することを認めるためには、そのものから信号がやってこなければならない。これは観測に絶対必要な条件である。信号は音でも電流でもかまわないが、最も簡単でそのうえ基本的な信号は光であろう。光は、物体自身から発せられてわれわれの目に入るか、他の光源から出た光が物体に反射して、その反射光を目が受けるかのどちらかである。ここでは一般的な後者の場合を考えていこう。

波長が一万分の五ミリ前後の光が可視光線（眼で見える光）であるが、使用するのはこの光でなくてもかまわない。もっと波長の長い電波のようなものでも、逆に波長の短いエックス線やガンマー線でもよい。これらの信号は人間の視神経こそ刺激しないが、適当な器具（たとえば写真乾板など）を用いることによって、光（ガンマー線などを含めた広い意味での光）が物体に当たってはね返ってきたことは知ることができる。

ところが、具合の悪いことに、光は波である（これはニュートンより少し後のトーマス・ヤングらによって確立された考え方であるが、それ以前に、ニュートンが光の粒子説にとりくんだという話は興味ぶかい)。波を物体に当て、そのはね返りを受けて物体の位置を知ろうとするとき、その位置について常に波長程度の誤差がつきまとう。これは波によってものの位置を測ろうとするときに必ずつきまとういんがである。

光がもし波でなく、直線的にピタッと進むものなら、入射光と反射光とを延長した交点の上に物体が存在することになり、理論的にはいくらでも正確にその位置が確かめられる。ところが波動というやっかいな性質を持っているために、その正確さには限度がある。

波長五〇メートルの電波が何かに当たってはね返ってきたとすれば、そのときの何かの位置はおおよそ五〇メートルの誤差をもって観測される。おそらく大きな山肌とか、大地とかにぶつかった場合がそれであろう。また波長五センチのレーダー用電波なら、対象物の位置は、五センチ程度の精度で知ることになる。

一方、人間の肉眼の分解能はせいぜい一ミリの一〇分の一くらいだろう。分解能とは、非常に近接した二点を、二つの点としてはっきり認めることができる最小限の距離(二点間の)のことである。この分解能は、顕微鏡を使うことにより飛躍的に増大する。しかし、光を使ってものを見るかぎり、分解能は光の波長(一万分の五ミリぐらい)以上によくなることはない。

勝利の原因はイートン校にあり

温度を測る、磁界や電圧を測る、位置を確かめる——この三つの場合について、ありのままの観測がいかに困難であるかについて調べてきた。真っ暗な部屋では何も見えない。だからといって光を当てれば暗がりでの姿は見られない。さてどうしたらよいのか？　状況はだいたいこんなところである。

ここで注意力のある読者なら、こういわれるかもしれない。かりに、観測以前の温度計そのものの温度、質量、比熱などがわかっていれば、計算によって乱れ（観測することで起こった）の補正ができるのではないか……。電流計そのものの抵抗値だって知ることは簡単である……。光の波長ていどの誤差が出るというなら、うんと波長の短い光を、たとえばガンマー線を使えば、理屈としてそれでよいではないか……。

その通りである。温度だけを知りたいとき、また電圧だけを測りたいとき、位置だけを確かめたいなら、われわれは理屈として不明確さから逃れることができる。

しかし考えてみると、あらゆる自然の営みは、〝時間〟と〝空間〟という相異なる次元を不可欠の要素とする活舞台で展開される一つのドラマである。時間概念を抹殺した空間だけの舞台、あるいは逆に、空間のない時間だけの舞台を考えることは、すでに因果という言葉自体を虚しいものにしている。そして温度だけ電圧だけ、位置だけという単独の物理量には時間的なふくらみがない……。つまりそのような単一物理量だけでは自然の流れというものが描写できないのではないか、という疑問がここで当然湧いてこなくてはならない。

時間的ふくらみなどという抽象的な言葉を持ち出したが、たとえば、ワーテルローでナポレオンを破ったウェリントン将軍は、一八一五年ベルギー中央部のワーテルロー村にいた、という記述は時間的な厚みのない歴史の一断面である。あるいはまた、それをさかのぼること三〇年の昔に彼はバッキンガムシャーのイートン校にいた、というのも一つの断面的描写にすぎない。そして、この二つの断面だけを並べてみても、イートンとワーテルローの因果関係は神のみぞ知るであろう。

ところが、アーサー・ウェリントンはイートン校において若くして時代感覚するどく、ひそかに士官学校をめざしていた、という記述を加えると、目に見えない時間的なふくらみがでてくる。つまり、士官学校をめざすということはあくまで志願であって現実にはまだ未来へ足をふみだしているわけではないのだから、それは目に見えないふくらみである。にもかかわらず現実には、やがてそのふくらみがだんだんのびて一八一五年のワーテルロー村につながる。つまり、ある年にイートン校にいたという断面的な記述は、士官学校を出て軍人になろうとした、という未来への志向をつけ加えることで初めて未来につながる因果的記述に変わることができるのである。この未来への志向を、意志をもたない玉突きの玉では速度という……。

話は変わるが、自分が誰であるか忘れてしまった人にはどうしたらよいだろう。一つの方法として、姓名は何というかをまず教えてやる。しかし、当人はまだしっくりこないはずである。次に鏡を見せてやる。造作のよしあしは別として、これが世に二つとないあなたの顔ですよ、といってやる。まだだめだ。次に家族を紹介する。これがあなたの奥さんなのですとか、子供ですとかいう。……つまり、最も印象的なものからその人の過去をさかのぼってゆくことをくりかえす。そういうことをしていくうちに、その人は自分が誰であるかをしだいにはっきり自覚し始めるだろう。因果応報という言葉があるが、われわれにとって、今この瞬間の生活は決して過去や未来と無縁ではない。時間空間の舞台で演じられる因果劇……とは、何も物理学だけに特徴的なものではないといえよう。

因果関係への言及

本題の物理学にたち返ると……。

物理のなかでもとくに力学は、今日はここ、明日はあっちと動くような物体の因果関係を追究する学問である。第一章でみた玉突きの玉の運動、因果といってもその程度のことであるが、さてそれでは、幾つの条件を与えてやれば物体の因果はたどれるか?

常識的にいって位置は必要だろう。どこにあるかわからないではしようがない。また、いつのことであるかがわからないといけない。時刻と位置とが、まず必要である。

だが、今日はここ、明日はあちらということは、物体の移動を表している。実際、あらゆるものが動いている（速度ゼロもふくめて）——といってもまちがいではないだろう。

つまり次には、どれほどの速さでどの方向へ向かおうとしているかという速度を知ることが必要である。時刻と位置と速度、この三つでよいのだろうか。その通りである。あらゆる物体の運動を追尾するには、この三つの条件が与えられればよい。それが古典物理の答えである。

考えてみれば自分が自分（どこのだれそれ）である（と信じこめる）ためにはどれだけの条件が必要であるか、と問われると答えは意外とむずかしいものである。だが、物体（月とか玉突きの玉とかビー玉とか米粒とか砂粒とか……）が物体であることを確認するためには、ある時刻における位置と速度がはっきりと判明しさえすればそれでよい。こちらの方ははっきりしている。

運動を追跡するための条件が、いつの間にか物体の存在条件にすりかわっている……確かにそうではあるが、賢明な読者には詳しい説明は不必要だと思う。ニュートンやライプニッツは物体を、ある時刻において位置と速度をそなえた質点（あるいは点の集まり）と考えることによって、多くの成功を収めたのである。

いささかまわり道であったが、われわれが何を求めているかが一応はっきりしたことになる。温度だけ、電流だけ、位置だけの精密な値が単独に知れてもまだ因果関係には言及できない。

ついでのことに質点の力学以外についても簡単にふれておくと、たとえばある点における磁場の強さはどんな瞬間においてもピタリと確定している……つまり因果律はやはり成り立つとするのが古典電磁気学である。そしてエネルギー量についての因果関係もやはり新しい波に洗われるわけだが、その検討はあとの話にした方が理解が容易である。

ガンマー線顕微鏡

位置だけの確認は理屈としてはできる。しかし求めるものは、位置と速度の両方である。位置を求め、その次に速度を求め、というふうに間をおくことは許されない。ある瞬間における両方の値を同時に求めなければ、物体がそこにあるということの確認にはならない。

位置を確かめるにはガンマー線の波長をうんと短くした。だが、波長の短い光は、じつは圧力が大きい（後述）。とすると位置の観測には得体の知れない乱れがともなうのではないだろうか。

くわしくこれを調べてみるために、思考実験（ゲダンケンエクスペリメント）というものを採用してみよう。一九二七年ハイゼンベルクが考え出したものであるが、思考実験という方法そのものは、アインシュタインが初めて案出したものだといわれている。

顕微鏡の原理だけを描いてみると図のようになる（結局は虫メガネと同じである）。普通なら可視光線が使われるのだが、ここではガンマー線を利用することにしよう。

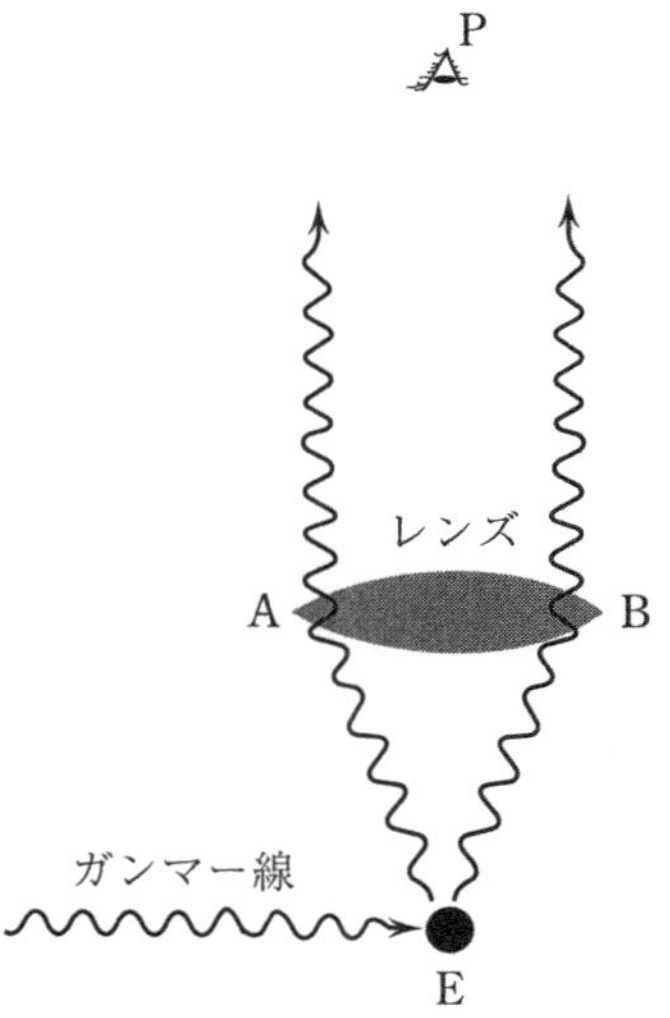

図６　ガンマー線による電子の確認

さて、光（ガンマー線）で対象物体E（ここではEは電子と考える）を認めるためには、図でE→A→Pとレンズの左端を通った光、またE→B→Pと右端を通過した光、さらには図には記入してないがレンズの真ん中付近を通ったものなど……これらを再びP点に集めなければならない。

レンズなしでは……絶対にわれわれはものを見ることができない。人間を始め、多くの動物の眼に、水晶体というレンズを作ってくれた自然の創造力は——あるいはこれこそ神の恵みのうちの、最も卓越したものの一つであると考える人もあろうが——まことに驚嘆に価する。

この場合、レンズが大きいほど、ものの位置がはっきりわかる。もう少し正確にいうと図のA・Bの長さ（レンズの直径）が、レンズと物体Eとの距離に比べて、長ければ長いほど、分解

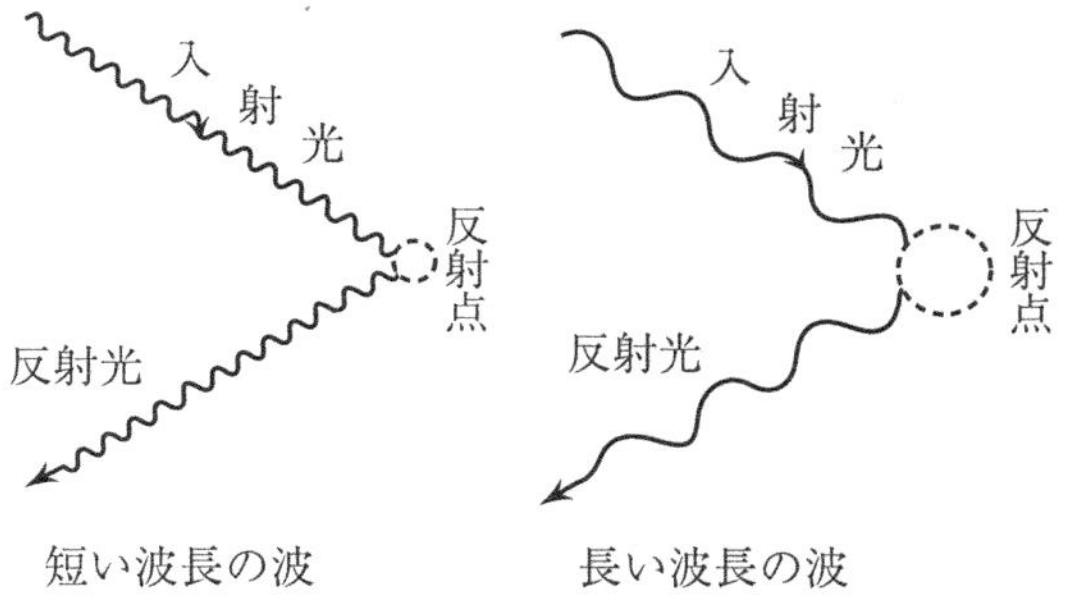

図７　光の波長と反射点の不明確さ

能はいい。そうして、レンズの直径が充分大きいときに限り、われわれは物体の位置を波長程度の精密さで測定できるのである。レンズが小さいと、精度はぐっと落ちる。

というわけで、図でEの位置を観測するとき、左側からガンマー線を当てて、E→A→Pと走る反射光や、E→B→Pとやってくるものやらを集めることになる。

われわれの目に到達したガンマー線はレンズの左側Aをよぎってきたものか？　あるいは右側Bを通過してきたものなのか？　それともレンズの真ん中を直進してきた波か？　そんなことを議論するのは全くナンセンスである。光は、レンズのあらゆる場所を全部通過してきたのである。光束の幅をゼロにすることは、光の回折性によって絶対不可能であることがわかっている。

レンズの絞りを強くすれば、レンズの直径を短くしたのと同じようになる。しかし、いくら絞ったからといっても、ある程度の大きさの穴はあいている。そうして光は、この穴のすべての部分を通って、そのうしろにある網膜や写真乾板の上に像を結ぶ。

電子を見る

さて、ガンマー線顕微鏡で電子の存在を確かめようとしたときにはどうなるか。

ガンマー線に限らず一般に光には圧力がある。圧力をもつガンマー線が電子に当たってはね返ったのだから、そのときガンマー線は電子を蹴ることになる。

先の図をもう一度見てみよう。電子を蹴ったガンマー線が、もしE↓A↓Pと走るなら、その反動で電子はかなり強く右へはじかれる。ところがガンマー線はE↓B↓Pを屈折して像を結ぶのかもしれない。このときには、さきの場合よりも蹴り方は多少弱い（Eに衝突して、曲がる角度が小さいから）。

ところがEにぶつかったガンマー線は、Aを経由するのかBを通るのか、あるいはレンズの真ん中あたりを通過するのか全くわからない。わからないといういい方は正しくない。ガンマー線という波はA点もB点も、レンズの真ん中も――つまりレンズのあらゆる部分を通って目Pにやってくるのである。おかしな表現方法になるが、われわれの目に到達する光は、電子Eを強くも

光には圧力がある

蹴るし、弱くも蹴るのである。強いと同時に弱いのである。これでは……ガンマー線に照らされた電子は、どのくらいの速度で動きだすのやら、見当がつかないのは当然である。

しかも——これは実験によって判明していることであるが——、光の波長が短くなればなるほどエネルギーは大きく、蹴りは強くなる。蹴りが強くなれば、蹴りの不正確の程度も大きくなるのである。だから、波長を非常に短くして（たとえばここでの例のように可視光線のかわりにガンマー線を使って）、電子の位置を正しく確かめれば確かめるほど、その速度は不明瞭になってゆく。

では、エネルギーのうんと小さい、つまり波長の長い光を使えばいいではないか……すでにみたように、これは位置の不確かさを大きくするから好ましくない。

位置を決めようとすれば速度があいまいになり、速度を決めようとすれば位置が不正確になる。あちらを立てればこちらが立たず——であるが、不確定性とは、本来このような関係から出発するものなのである。

もはやそれは物体ではない

電子の存在を確かめようとしてガンマー線を当てても、位置をはっきりさせれば速度がボヤけ、速度を正確に知ろうとすれば位置がボヤける。

実は両方のボヤけぐあいの間にはある関係があって、極端にいえば、位置をピタリとはっきりさせようとすると、速度はゼロから無限大の間で不確定となる。このことは、速度はその間である一つの値をもっているのだがわれわれにはわからない、と考えてはいけない。電子がその間で一つの速度値をもっている——という保証自体何もないからである。正確な速度は神さまさえも御存じなかろう。

電子はそのとき速度ゼロかもしれないし、無限大かもしれないし……というのではなく、これまでの話の様子ではどうやらゼロであると同時に無限大でもあり、ゼロであると同時に一でも一〇〇でもその他あらゆる速さをもつ……という妙なことであるらしい。われわれにはこれしかいいようがない。人間にはそういう妙なものしか見えないのである。

それでは、電子はもはや物体ではないのだろうか。ないとしかいいようがないかもしれない。それが、本章の冒頭で問題にしたような、人間が自然を客観視するギリギリの線なのである……。

とすると、電子とはいったい何者なのか？

月水金は波と考え、火木土は粒子（物体）と考える——いささかやけっぱちだが、これが科学者の最初の頃の答えであった。電子は波でも粒子でもある——としかいいようがないようである。そんなあいまいな表現でいいのだろうか（今一歩突っこんだ考えは一二一ページで改めて述べる）。

とにかく、量子力学では、たとえば波と粒子といったような、相反する二つの概念を対立的にでなく、あい補うものとして採用しなければならなくなる。これを相補性原理というが、量子力学のいちじるしい特徴である。

もともと物体としての粒であると認識されてきた電子には、やがて波としての性質が付加される。反対に、光は波であると考えられていたが、のちに粒子としての性質が付加されるのである。そのいきさつについては——章を改めることにしよう。

光線の圧力

ガンマー線という光が圧力を持つと述べたが、光線の持つ圧力については夏目漱石の『三四郎』に興味ぶかい説明がある。

小説には、野々宮さんという物理学者がでてきて、大学の地下室で光線の圧力の実験をしている。

雲母《マイカ》か何かで、十六武蔵《むさし》位《くらい》の大きさの薄い円盤を作って、水晶の糸で釣《つる》して、真空の中に置いて、この円盤の面へ弧光燈《アークとう》の光を直角にあてると、この円盤が光に圧《お》されて動く。と云《い》うのである。

学者や画家やら三〇人ほどが上野の精養軒で会合を開く。広田先生とは偉大なる暗闇といわれている高等学校の教師、原口さんは絵描きである。このとき、野々宮さんの隣にいる縞の羽織の批評家が、光線の圧力について尋ねることになる。

「我々はそう云う方面へ掛けると、全然無学なんですが、始めはどうして気が付いたものでしょうな」

「理論上はマクスエル以来予想されていたのですが、それをレベデフという人が始めて実験で証明したのです。近頃あの彗星《すいせい》の尾が、太陽の方へ引き付けられべき筈であるのに、出るたびに何時《いつ》でも反対の方角に靡《なび》くのは光の圧力で吹き飛ばされるんじゃなかろうかと思い付いた人もある位です」

批評家は大分感心したらしい。

「思い付きも面白いが、第一大きくて可《い》いですね」と云った。

「大きいばかりじゃない、罪がなくって愉快だ」と広田先生が云った。

「それでその思い付きが外《はず》れたらなお罪がなくって可い」と原口さんが笑っている。

「否《いや》、どうも中《あた》っているらしい。光線の圧力は半径の二乗に比例するが、引力の方は半径の三乗に比例するんだから、物が小さくなればなる程引力の方が負けて、光線の圧力が強くなる。もし彗星の尾が非常に細かい小片《パーチクル》から出来ているとすれば、どうしても太陽とは反対の方へ吹き飛ばされる訳だ」

野々宮は、つい真面目《まじめ》になった。すると原口が例の調子で、

「罪がない代りに、大変計算が面倒になって来た。やっぱり一利一害だ」と云った。

漱石のころ

漱石が『三四郎』を朝日新聞に連載したのが、明治四一年の九月から一二月まで、つまり一九〇八年である。のちに詳しく述べるが、光を粒子とみなすいわゆる光量子仮説がアインシュタインにより提唱されたのが一九〇五年だから、小説『三四郎』はこれから三年しかたっていない。ラザフォードの原子模型が一九一一年であるから、この小説のころは原子のなかみについては全くわかっていなかったはずである。

それにもかかわらず、光が圧力を持っていることをいち早く小説中にとり入れたのは、まことに慧眼だといえる。

元来、波には圧力などというものはない。海の波は、確かに岸辺では磯に打ち寄せてはいるが、これは波が浅い場所で崩れるためであり、大海の真ん中では波の進行方向に物体がどんどん押されていく……などということはない。海に浮かんだ木片は、波の周期にしたがって上下運動を繰り返しているにすぎない。

光波が圧力を持つということになると、とにかく古典的な意味での波とは違うことになる。

①光がものに圧力を与えるということは、力学的に考えてみると力積（かんたんにいえば、力に時間をかけたもの）を及ぼしていることになる。

②力積を及ぼすことのできる光は、とうぜん運動量を持たなければならない。
③運動量を持つからには、光は粒子的な性質をも所有していることになる……。

というように理論は展開され、量子論的な考え方に発展していくのであるが……残念ながら野々宮さんは（おそらく、寺田寅彦がそのモデルだろうが）そこまでは言及していない。世界の物理学者が暗中模索のこの時期に、もう一寸《ちょっと》突っ込んで考えてみたら理論物理学上の大進歩を……などという気がしてくるが、しょせんコロンブスの卵であろう。

現在では、光の圧力を知るには、クルックスの発明したラジオメーターをつかう。真空にちかいガラス容器の中に左右に金属片をつけ中央を軸として回転することのできる羽根がある。金属片の一面は黒く、裏側は白い。これを太陽光線のもとにさらす。光線は黒では吸収されるが白では反射するから、左右の空間の状態は異なって、羽根は軸のまわりに多少回る。この装置で、光線に圧力があることを知ることができる。

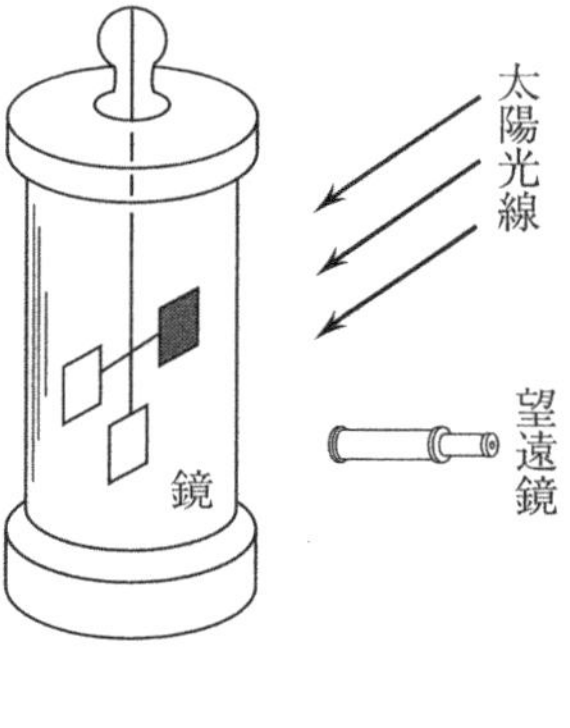

図８　ラジオメーター

光の粒子性……などというと、物理学になじみのうすい読者は、なにか非常にむずかしい理論のように思われるかもしれないが、何のことはない。この簡単な（おそらく値段も大したことはあるまい）装置をひなたにだして眺めてやりさえすればいいのである。石を投げれば放物線を描くし、豆電球に電池をつなげば光る……のと同じくらいに、量子論というものは、われわれの身のまわりに、卑近な例として——のちに述べるように、海水浴で陽やけしたり、肉眼で星が見えたりすることなど——いくらもころがっているのである。

第三章　hの不思議

上野の山は古戦場

日本の歴史でも、大砲《おおづつ》が現れたのはかなり古い。豊臣時代にはすでに堺の商人の手を通して、武将たちが大砲の購入に意を用いていたらしい。ただ当時の武器としては、砲弾の到達距離や火薬の爆発力は小さく、堅固な城郭を破壊する……というまでには至らなかったようである。その後、徳川三百年の安泰が続いたため、飛道具類一切は骨董化してしまった。

明治維新の戦争で、ふたたび鉄砲、大砲が使われることになる。ことに上野の山を死守する幕軍に対して、本郷の高台から砲撃した官軍のアームストロング砲の話はよく知られている。

さて、この大砲についてであるが、当時の砲は弾《たま》をこめて一発ズドンと撃つと、その瞬間にごろごろと一、二メートル後ろに退がるのである。砲手たちが寄ってたかって元の位置にまで押し戻し、ふたたび装塡して撃つ。また退がる。そのたびによっこらしょと位置を修正する。映画などで見ていると全くたいぎなものだと思うが、力学的に考えれば大砲は退がるのが当然である。弾丸は撃ち出されるとき、大砲を思いきり後ろに蹴るからである。

文久三年（一八六三）、アームストロング砲をつんだ七隻の英艦が鹿児島湾をおそったときのこと。薩摩軍はオランダ製の旧式砲でこれに応戦、撃ったとたんに後退する砲を元に戻す間もなく、次から次へと弾丸を発射した結果、ついに人も大砲も後ろの山へ押しつけられ、思わぬ不覚をとった……などという話が記録に残っている。だから敗けてしまったのだ、とそれには記されているが、実際には大砲の性能が勝負の分かれめであったと思われる。

この場合、ズドンといったとたんに軽い方の弾《たま》はビュンと飛び出し、重い砲身はズルッと退がる……のではあるが、弾はすばやく、砲身はおそく……などと、速さだけで両者を形容してやるのは何となく不公平な気がする。重い砲身がズルッと動くのはどうしてどうして、弾丸のビュンにおとらぬ迫力がある……。速さと同時にその重さを考えてやらないとものの勢いはとらえられない。弾丸にしても百匁玉が飛んでくるよりは一貫目玉の方がうんと恐い……。

ここで昔の人は、「重さかける速度」という一つの量を考えだした。中世のスコラ哲学者はこれをインペトゥス（躍動する力というような意味）と呼び、ニュートンは「運動の量」と名づけた。そしていままでは、これは「運動量」といわれている。

よく調べてみると、ズドンとやった直後の弾丸の運動量（弾丸の重さかける速度）と大砲の運動量（大砲の重さかける速度）との間におもしろい関係のあることが判明した。弾丸の運動量と大砲のそれとは、符号が反対で大きさ（絶対値）が等しい、というのである。

運動量保存の法則

大砲も弾丸も点火する以前には静止している。つまりどちらの運動量もゼロであり、したがって二つの運動量をひっくるめてもゼロである。「撃てえっ」で点火、ズドンとやったあとの運動

運動量は保存される

量も、先に述べたようにこれまた加えてみるとプラスとマイナスが打ち消しあってゼロとなる。

このように、関係物体をすべてひっくるめて考えてみると、それらの間に衝突とか反発とか、なにがしかの作用があったとしても、作用の前後でトータルの運動量は変わらないということを運動量保存の法則という。質量保存の法則などは相対論によって修正を余儀なくされた。しかしこの運動量保存則は、古典物理、現代物理を問わず成り立っている重要な法則の一つである。

敷居のみぞにビー玉を一〇ほど並べておき、少し離れたところから一個だけ、別の玉を送りこんでやる。ビー玉の列はカチンカチンと衝突をくりかえして（実は運動量を移動させて）、最後に、反対側の端の玉が一個だけ走り出す。次に、二個の玉を一緒にして同じように送りこんでやると、こんどは反対側の端から二個の玉が走り出す。

これなど、運動量保存の法則を端的に表した遊びであるが、このことを応用したオモチャを街で見かけたことがある。

再び大砲の話にかえると、弾丸が飛びだすからには、見返りとして何かが後ろに退がらなければならない。大砲はやがて改良され、発射と同時に砲身だけが退がるように工夫された。砲身の下を長い筒が支え、筒は砲体に固定されていて、砲身はその上を滑る。ただし、砲身は砲全体にくらべてかなり軽いから、撃った瞬間にかなりのスピードで後退する（ある程度後退したら、自然に止まるようになっているが……）。日中戦争の頃のニュース映画などには、こんな砲を撃っている日本兵の姿がよく登場したものである。

もっとも、特殊な砲……たとえばバズーカ砲とか無反動砲などは後退しない。これは装薬の爆発する部分の後方があいているためである。爆発した装薬は大きな圧力でうしろに吹き出す。弾丸は大気を蹴って前進するわけである。このときには、弾丸と、その付近の気体全部をひっくるめて考えてみると、やはり運動量保存則は成立している。運動量は、ない所から生まれることもなく、またたとえ物体が移動しても、全体として増減することはないのである。

光は玉突きの玉か

先に、光は物体に対して蹴りを与えることを述べた。光はがんらい波である。にもかかわらず白黒の羽根をまわす……ということは、われわれがこの眼で見ているまぎれもない事実である。

しかし、羽根という重さのある物体に光が速度を与えるということは、つまりは、羽根に運動量を与えるということになるだろう。それでは、光にはもともと運動量があるのだろうか？

運動量は最初、大砲の弾とか玉突きの玉とかの粒子に対して定義されたものであるから、まず赤、白二つの玉の衝突について考えてみよう。

図9のように、赤玉に衝突した白玉が角度Aだけ曲がったとする。白玉がほんの少し赤玉をか

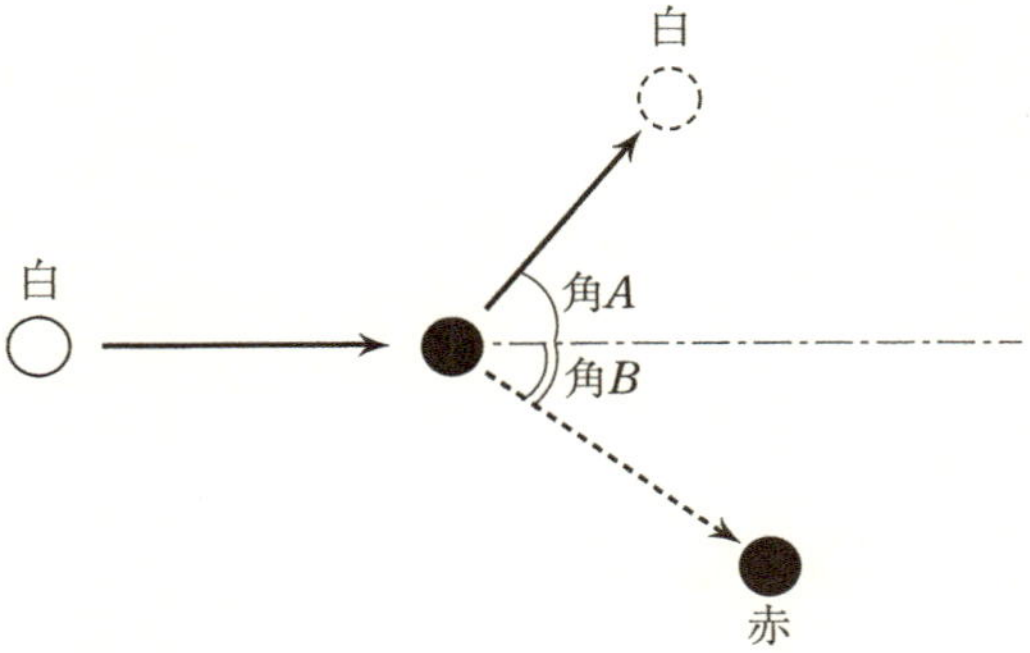

図9　玉突き玉の散乱

すったときには角度Aは小さく、白玉の運動量はわずかしか減らないだろう。もちろん、減った運動量は赤玉に移り、赤玉がその分だけ勢いづくわけである。また白玉がかなりまともに赤玉に当たった場合には、角度Aは大きく、運動量の減少（移動といった方がよいかもしれない）も大きいと思われる。実際詳しく計算してみると、白玉の運動量の減りぐあいは角度Aの大小に応じて正確に決められることがわかっている。

ところで、ガンマー線顕微鏡では電子に光が当たる場合を頭の中でだけ考えたが、実際に光を電子に衝突させるとどうなるかは、実験することが可能である。

電子を一つだけとりだして、これにうまく光を命中させるのは難しい。そこでナトリウムなどの物質に、可視光線よりももう少し波長の短いエックス線

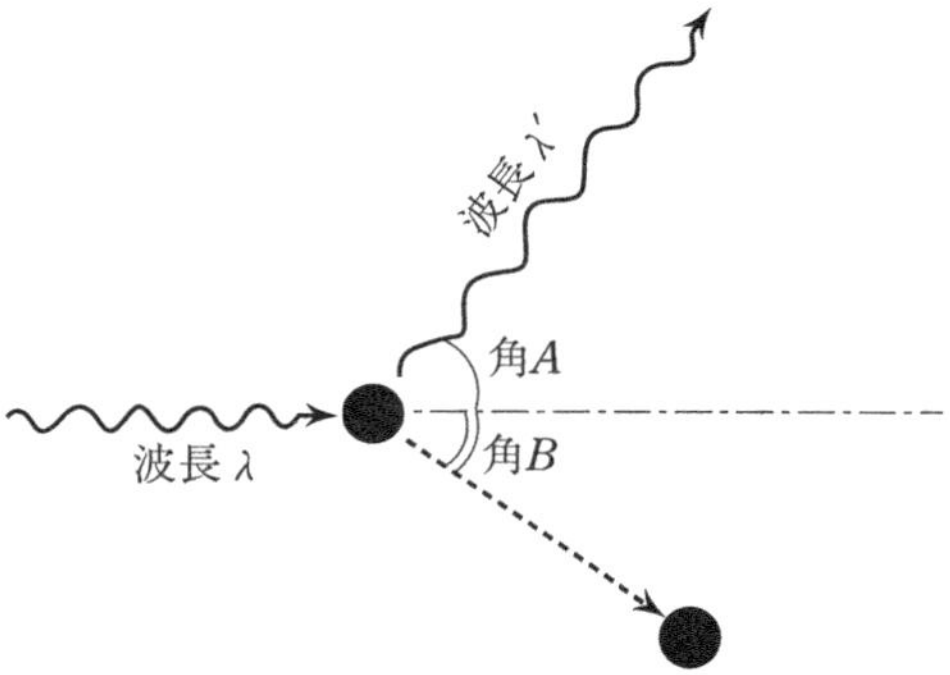

図10　電子によるコンプトン散乱

を照射してやる。そうすると、エックス線のあるものはわずかに曲げられ、あるものははげしく屈折して、後方に設置された器械に到達することになる。

この実験で厳密に測定した結果によると、散乱されたエックス線は当初よりも波長が長くなっており、しかも角度Aが大きいものほど（つまり激しく屈折したものほど）、より大きく波長の伸びることが発見されたのである。

玉突きの白玉の例でみれば、角度Aが大きいということは、衝突によって失われる運動量が大きいということであった。では、もしエックス線が運動量を持っていたと仮定するとどういうことになるのか。ナトリウムに当たったエックス線は運動量を一部失い、その失った運動量に相当しただけ波長が伸びる――と解釈できるのである。

光が何か（実はエネルギー）のつぶつぶであると

する仮説は、右の実験に先立つこと十数年も前に、アインシュタインによって出されていた。光は物体に運動量を与える。その上運動量保存則という、例外のない法則を、守ってやらなければならない。しかも光は、ある種のつぶであるという……。物理学者の心情として、ここはどうしても光に運動量を持たせてやりたい……。

そこで目をつけられたのが、右の実験における波長と運動量との関係である。運動量が減って小さくなると、波長が大きくなっている。逆にいえば、運動量が大きくなると波長が小さくなる。これは反比例の関係ではないのか。結局、光は自分の波長に反比例する運動量を持つ——としてやって、理論的にも実験的にも、物理学全体にいささかの矛盾も現れないことが明らかとなった。物理学者のおもわく通り、こうして光は運動量を付加されたわけである。これを式に書くと次のようになる。

$$(\text{光の運動量}) = \frac{(\text{一定値})}{(\text{光の波長})} = \frac{h}{\lambda}$$

ただし、この場合、はじかれた電子は猛スピードで走り出すから、計算は相対性理論を考慮にいれて行われた。定数hについては、すぐあとに詳しく述べることにする。

コンプトン効果

散乱エックス線の波長が、散乱角に応じて（つまり衝突で失われる運動量に応じて）長くなる現象はコンプトン効果といわれる。シカゴ大学の物理学教授アーサー・ホーリー・コンプトンは、一九二三年に右の実験結果を発表し、四年後のノーベル物理学賞に輝いた。

光がつぶつぶとしての性質を見せることはすでにアインシュタインなどによって指摘されていたことであるが、光の運動量を直接に導きだすことのできるコンプトンの実験は、充分に賞讃されてよいものであろう。

古典物理学の破綻ののちに現れた新しい量子物理学は、二〇世紀の初めにドイツ、デンマーク、イギリスを中心に抬頭したものであり、これを推進し、発展させていったのはほとんどがヨーロッパの物理学者であった。アメリカ北東部オハイオ州出身のコンプトンなどは例外中の一人であろう。

なお、誤解をさけるためにことわっておかなければならないことであるが、コンプトン効果とは、たとえばナトリウムにエックス線を当てる……というような特別な場合にしか起こらないものである。

エックス線にくらべると波長の長い白色光などを赤い壁に当てたら、赤い光だけがはね返ってきた……というのは、コンプトン効果ではない。赤いペンキというものは白色光線のうちの青色の部分（これを赤の余色という）だけを吸収する能力をもつために、赤い光だけが返ってくるのである。可視光線では波長が長すぎて（つまり運動量が小さすぎて）、電子をはじくまでには至らない。

また、ナトリウムとちがって原子量の大きい原子にエックス線をぶっつけても、エックス線はたくさんの電子に同時に衝突してしまい、相手の電子を動かすことができない。こんなときには、光は衝突の前後で運動量（つまり波長）を変えることなく、単なる散乱をするだけである。

新しい風

光の波動説が確立されたのはヤングやフレネルらによってであるが、世にかくれもないニュートン卿らはしきりと光の粒子説に力を注いだ。だが、波と粒子を互いに相容れない概念とするのが古典物理学であったから、どちらか一方は必ず引き退がらなくてはならない運命にあったのである。

ところが新しい物理学では、波と粒子を両立させて互いにあい補う関係（相補《そうほ》関係）におこうとする。デンマークのニールス・ボーアあたりによって吹きこまれた新しい風であった。

電子は、ガラスの真空管の中で風車を回したり、磁石によって進路を曲げられたり、重さがあったり（速く走れば相対論により重さ——正しくは質量が増す）、というようなことから粒子であると考えられており、一方、光は回折とか干渉、偏光などといった波動特有の現象を示すことから波に間違いないとされていた。

それら、粒子と考えられていた電子に波としての性質を、さらに波とみなされていた光に粒子としての性質を発見・付与してゆくのが、一九世紀の末から二〇世紀にかけての新しい物理学の方向であった。そのめざすところは、光も電子も（その他の素粒子も）共に量子という一つの新概念としてとらえよう——というのである。実際それらのものは古典物理の波そのものでもなく、粒子そのものでもなく、まさに量子としてしか考えられないことを、じょじょに科学は知っていったわけである。その意味では、波でもあって粒子でもあるという巷間のいい方は、厳密には正しくない。

現代物理学でいう粒子性とは、キャビアやカズノコなどのつぶつぶとはいささか異なった面をそなえている。ある瞬間において速度と位置とを持たないような、超常識的（超現実的といいたいところだが現実であるから仕方がない）なものをも、一つ二つとかぞえられればつぶであるというとらえ方をする。重さがあってもなくても問題ではない……。

結局、粒子（つまり量子）とは、運動量とエネルギーを持つものである——とするのが現代物理の一つの考え方である。マックスウェルらの古典電磁気学では、光のエネルギーは無限に小さく分けることができるとしているからもちろん粒子性はもたない。

コンプトン効果によって光は運動量をもつことが明らかとなったのであるが、ここで新しく定義された運動量の式を見ると、ふつうの力学で使う（運動量）＝（質量）×（速度）とは全く違っている。式の中に出てくるのは、波としての光がもつ波長である。こういった点から見れば、古典的な光から量子へと進む次のステップは、光の波長に応じた不連続なエネルギーの値を光に発見してやることであろう。このための仮説としては一九〇〇年のプランクの量子仮説があり、さらにその立証として、一九〇五年アインシュタインによって発表された光電効果の研究がある。気づかれている読者もあろうが、本書の説明の仕方は必ずしも時代の流れを追っていない。たとえばコンプトン効果による光の運動量の発見は、エネルギーについての光量子仮説や光電効果よりもあとのできごとである。

光電効果

川端康成氏のノーベル賞受賞後まもなくのことだったと思うが、わが国の某新聞がノーベル賞の内幕を記事にしていた。ところが読んでゆくうちに、次のような件《くだり》にぶつかって目をうたがった。

「アインシュタインは一九二一年、写真電気効果の研究によってノーベル賞を受けた……」

写真電気効果とは解《げ》せないが、ついうっかりして光電効果（フォトエレクトリック・エフェクト）

のフォトを写真、エレクトリックを電気と誤ったのであろう。

光電効果とは、金属面に光を当てると電子が飛びだしてくる現象をいう。電気で有名なヘルツやレーナルトが発見したことであるが、アインシュタインはこれに新しい解釈を与えたわけである（ヘルツもレーナルトもアインシュタインもともにドイツ人であった）。

電子というものは元来、原子の一部分である。ところが金属の中には、原子から遊離して自由に飛びまわっている電子がたくさんある。この電子が金属の外に出るにはWのエネルギーを必要とする（固体論ではこれを仕事関数という）。つまり金属中の電子はWという深さの穴に落ち込んでいる状態にあると考えればいい。

今この電子に光が当たる。そして光からWよりも大きなエネルギーPをもらったとしよう。エネルギーがふえた電子は金属から飛びだすが、飛びだした後にも、

$$E=P-W$$

だけの運動エネルギーを持って走り去ることになる。この現象が光電効果である。

右の式はアインシュタインの光電効果の式のもとになったものであるが、次のように考えるとわかりやすい。たとえば——明治の頃の話であるとして——一〇〇円の前借金で身を拘束されている廓《くるわ》の遊女がいるとする。彼女が何らかの理由で一五〇円の金を手に入れることができた……となれば、当然自由の身になることが可能である。しかもふところには五〇円の財産がある。こ

れを公式で書けば、

（解放後の財産）＝（貰った金額）－（前借金）

である。光電効果は……遊女の解放と同じである。

貰った金額Pというのは、光が電子に与えたエネルギー、つまり光のエネルギーのことである。問題は、これをどのように考えるかである。

太陽、電灯、ロウソクの火のような発光体からは光というエネルギーが走ってくる。このエネルギーが、前後、左右、上下のあらゆる方向（つまり三次元的な全方向）にすき間なく広がっていくとすると、当然一定面積（ただし光の進む方向に垂直な平面）が一秒間に受け取るエネルギーの量は、距離の二乗に反比例して小さくなる。

もし光が、こうして空間の四方八方へむらなく広がっていくとすると、金属中の小さな小さな電子に当たる光の量は、ほんの僅かなものになってしまう。これっぽっちのエネルギーでは、電子はとても前借金を払って（つまり仕事関数に打ちかって）、金属外に逃れ去ることは不可能である。にもかかわらず、実際にはこれっぽっちのエネルギーでも光電効果は起こる……。

ということになると、この現象を一体どう解釈してやればいいのだろう。光はエネルギーの弾丸（つまりかたまり）のようなものであり、これがドカン、ドカンと電子にぶち当たると考えざるを得ない。

光がつぶだからこそ星が見える

このような考え方を裏書きする例は、ほかにもたくさんある。深夜にわれわれはたくさんの星を見ることができる。ものが見えるとは……われわれの視神経の分子――眼球の一番奥の網膜のところにあるもの――が励起状態にならなければいけない。分子を構成する原子の配列が変わるのか、あるいは原子がイオン化されるのかは詳《つまび》らかではないが、いずれにせよこのように分子の状態を変えるには分子一個あたり一エレクトロン・ボルト程度のエネルギーが必要である。

一エレクトロン・ボルトとは分子や原子一つについてのエネルギーの大きさを表すのに使われる単位であるから、われわれの日常感覚からいえば小さな小さな量であるが、分子が変化したり、原子から電子を引きはがすのに必要なエネルギーは、いつもこれくらいだと思っていていい。

さて、星の光度、星と地球との距離はわかっている。それらをもとにして計算してみると、視神経の分子が、たとえば一秒間に星から貰うエネルギーは、とてもとても一エレクトロン・ボルトなどという大きなものではない。光のエネルギーをつぶとみなさない、連続的な考え方では、星からの光はあとからあとからと続いてやってくる（粒では、瞬間的にドスンと当たるのだが……）。だから、やってくる光のエネルギーを、視神経の分子がしばらく溜《た》めておけばやがては一エレクトロン・ボルト程度になるが、そのしばらくの時間は、計算してみると数分から数十分になる。

実際には……そんなおかしなことにはなっていない。空を仰いだ瞬間に星が見られる。暗夜に外出してしばらくすると星の光がはっきりしてくることはあるが、これは瞳孔が拡大したせいであり、やってくるエネルギーが蓄積されたためではない。つまり星が見えるということは……光がつぶであることの裏付けになっているのである。

薪を燃やしても電子は出ない

光のエネルギーがつぶをなしていることはわかったが、そのエネルギー量の大小についてはまだ何もいっていない。

金属から電子を叩き出すためには、金属に強い光を当てればいい。それでは金属の近くでたくさんの薪を燃やすか、ストーブをじゃんじゃんたけばいいか？

だめである。そんなことをしても光電効果は起こらない。いくらストーブを並べても、金属中の電子は、金属から飛びだすだけのエネルギー（つまり前借金）を貰えないのである。

だってストーブを増やせば金属に当たるエネルギーは増えるではないか？　それなのになぜ電子がでてこないのか？

光のエネルギーが大きいということは、次のように二つの場合が考えられる。

光がつぶだからこそ星が見える

①一つぶ一つぶのエネルギーが大きい。
②つぶの数がたくさんある。

ストーブをじゃんじゃん燃やすということは、②の意味でのエネルギーを増やすことである。ところが光電効果の場合には、金属中の電子に衝突する光は一個であり、二個同時に……などということは、まれなことなのである。そのため金属から電子を出すには、光一個あたりのエネルギーを大きくしなければならない。

それでは①のエネルギーは、どのようにして決まるか？　ここで話はマックス・プランクへ返る……。返る、といったのは、時間的に五、六年さかのぼるからである。

けがの功名

光のエネルギーには単位量があって、それ以上小さく分割することはできない……という考え方は、一九〇〇年にプランク（一〇八ページの写真）により提唱された。

彼は一八五八年、ドイツのキールに生まれ、ミュンヘン大学、キール大学で物理学の講義を担当していたが、熱放射の研究で名高いキルヒホッフがベルリン大学を去るに及んで、その後任としてベルリンに赴任した。プランクの最初の研究が熱力学であったからである。

一九世紀も終わりに近い頃、高温物質から発する熱や光のエネルギーを理論的に説明しようと、その頃の物理学者レイリーとかウィーンとかがいろいろ苦心したが、どうもうまくいかない。プランクも一九〇〇年の暮れの学会で熱放射について講演することになっていたが、他人にできないものは彼とて同様。物体からは一〇〇〇度では赤みがかった光がでるし、二〇〇〇度では大分黄色になり、三〇〇〇度だともっと白っぽくなる……という事実は、理屈をどうこねまわし、いくらムキになって計算してみても正確な説明が不可能であった。

困りはてているところへ助手の一人がやってきた。ウィーンの出した式をちょっと手直しすれば、実験事実とピッタリ一致する、というのである。

ν（ニュー）を振動数、Tを温度、aとbを適当な定数とするとき、高温物体からでてくる振動数νの光の強さは、

$$\frac{a}{e^{b\nu/T}}\text{（ウィーンの式）}\rightarrow\frac{a}{e^{b\nu/T}-1}\text{（プランクの式）}$$

というように、分母から1を引けばいいのである。

なぜ1を引けば実験と合うのか、プランク自身にもよくわからない。しかし大学は夏期休暇の直前でもあり、何ヵ月かをのんびり過そうと思っていた……のかどうか、ともかくプランク教授は

「1を引きさえすればいいというなら、今度の講演はそれでいこうじゃあないか」

とあっさり決めてしまった。

プランクの式は、数学的にいうと無限等比数列の和になっているのである。ガマの油売りではないが、一枚が二枚、二枚が四枚、四枚が八枚……の一、二、四、八……などは二を公比とする等比数列で、これらを全部加えたものが等比数列の和である（ただしプランクの場合は、数列の項は先にいくほど小さくなる）。ということは、とりも直さず光のエネルギーは連続的ではなくて、とびとびの値しかとり得ない……と解釈してやらなければならない。こうして、一九世紀がまさに終わろうとする一九〇〇年の一二月一四日のドイツ物理学会で、プランクは光のエネルギーはとびとびの値をもつという、前代未聞の理論を発表する破目になった。

$$E = h\nu$$

この式がプランクの結論であったのだが、運動量を決めるときにでてきた定数hがここにも顔をみせている。というのは誤解をまねくかもしれない。実際はプランクの式において初めてhが現れたわけであり、hはその名を記念してプランク定数といわれている。Eは光のエネルギー、νは振動数である。振動数は、光速度を波長で割ったものであり、一秒間にいくつの波がある場所を通りすぎてゆくかを示している。

光量子仮説から光子へ

プランク自身、あるいはニュートンに匹敵する発見かもしれないと思ってみたりしたらしいが、他人にそういうほどの自信はなかった（息子にはいったらしい）。ましてや聴衆の多くは、とんでもない話がでてきたと思ったことだろう。が、このいささかやっつけ仕事的（であったろうと想像される）の講演が、量子論の口火になり、連続から離散へという物理学の大改革の発端になったのである。

とんでもない話にしてはあまりに実験事実と合いすぎる……というので、心ある学者たちはこの理論を検討し、一九〇五年に、ドイツのシュタルクとアインシュタインは同時に、光は粒子的に空間を進むと仮定した。これを光量子仮説という。

光量子（ライト・カンタム）はのちに光子（フォトン）とよばれるようになり、素粒子論の皮切りと同時にその一員となるわけである。

とにかくこのようなわけで、量子論の発端はプランクであるといえる。彼はこの功績により一九一八年にノーベル物理学賞を受け、その後しばらくしてドイツの最高研究機関であるカイザー・ウィルヘルム協会の会長になった。協会は第二次世界大戦後、マックス・プランク研究所といわれるようになったが、生粋のドイツっ子である彼は、二度目の祖国の敗戦とともに心身ともに疲労し、一九四七年敗戦の混乱期に、朽ち果てたアパートの一室で寂しく死んでいった。

同じように戦争のさなかに、ウィルヘルム研究所にいたハイゼンベルクが、今日ドイツ物理学会の天皇ともいわれているほどの勢いにあることと対照してみると、そぞろ運命の不公平さを感じさせる。

海水浴で黒くなるわけ

ふたたび光電効果に話をもどそう。

先に出てきた光電効果の式を書きかえると、

$$E = h\nu - W$$

となる。$h\nu$はプランクによって仮定された光のエネルギー、Wは電子が飛びだすために必要なエネルギー（仕事関数）、そしてEが、飛びだした電子がもっている運動エネルギーである。

この式は、光電効果についてのアインシュタインの式とよばれ、それ以前になされた（以後でも同じであるが）光電効果のいろいろな実験結果を、すべてそつなく説明できるものであった。振動数ν（したがって波長は$\frac{c}{\nu}$）の光が、$h\nu$というエネルギーを持っていることがここに明らかにされたわけである。

アインシュタインはこの業績によってプランクの三年後、一九二一年にノーベル物理学賞を受けることになる。ただし、hの値はまだそのころには決定されていなかった。

繰り返すが、光が強いということは、光子の数が多いということと、一つの光子のエネルギー$h\nu$が大きいということの両方から考えなければならない。

熱放射によりわれわれの皮膚が熱く感じるのは主に前者のせいである。炎からは光子がどんどん飛びだすが、一個あたりのエネルギーはそれほど大きくない。

一方、光を受けて化学反応が促進される場合——これを光化学反応というが——、光子一つのエネルギーがかなり大きいことが必要である。われわれの皮膚が太陽に照らされて黒くなるのも、一種の化学変化である。海岸のような紫外線の多い場所では（紫外線は可視光線よりもνが大きい）、一〇分間ひなたぼっこをしていただけで、多少とも色が黒くなる。ところが真っ赤に燃えたペチカの前で、二時間も三時間も坐っていても、ひやけなどはしない。身体が受けるエネルギーの量は、ペチカの場合の方が遥かに多いが、光子一個のエネルギーが一定値に達しないことには、皮膚は化学反応を起こさない。

光電効果でうまく、$h\nu$とEとの関係がとらえられたのも、光と電子との交渉にこのような特性があったからである。

トーキー映画

トーキーなどといっても、昨今ではさっぱりピンとこない。天然色映画、シネスコ、シネラマさえ、今さらなんだ、といわれるだろう。

だが、昭和初期までの活動写真は無声映画だった。いわゆる活弁が舞台の片隅に坐り、

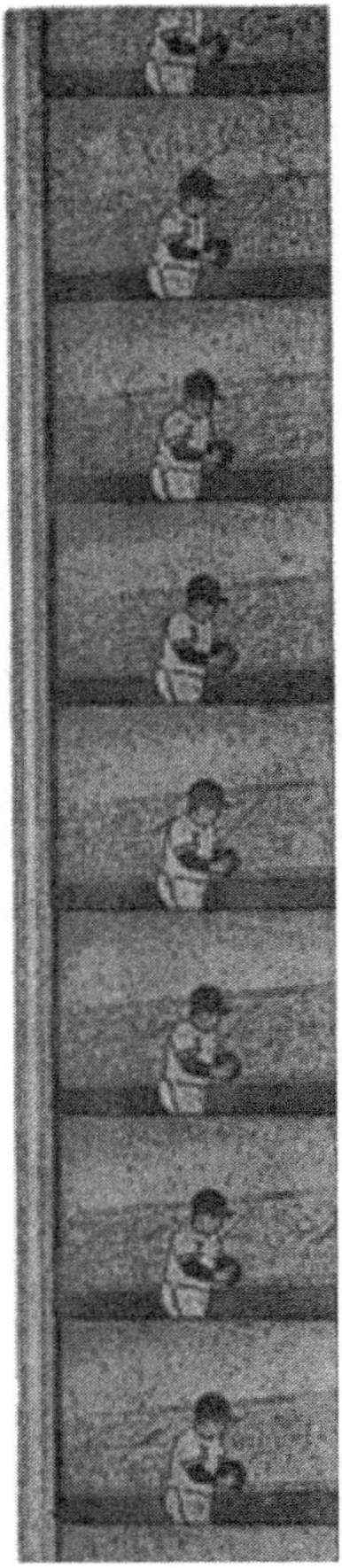

図11　映画フィルムのサウンド・トラック（左側）

「メリーとジャックは……」

「東山三十六峰眠るが如く……」

に観衆は拍手をおくった。

やがてトーキーの技術が開発され、日本でも昭和六年の松竹映画「マダムと女房」を皮切りに、弁士たちを失業に追いやっていくことになる。

ところでこのトーキーは、ディスク式とフィルム式があるが、後者では音の波形がそのままフィルムにプリントされている。

フィルムの波形の部分に当たった光も、プリントされた波模様に応じて、あるいは強く、あるいは弱く、後ろの光電管に向かう。光電管では、金属Kにいろいろな波形の光が当たるとそのたびにいろいろな速度をもった電子が飛び出し、金属Aに吸収される。光がくるときだけKとAとの間に電子が走る。したがってGの部分を電流が流れる。この電流を増幅し（電流の変化の形をそのままにして量だけを強めること）、電磁石に導けば、電磁石は波形通りに鉄片を動かすから、役者の声が音波になりそのままスクリーンの裏から聞こえてくる。光電効果を娯楽面に活用した一例であり、音声そのものが、フィルムとともに保存されているわけである。

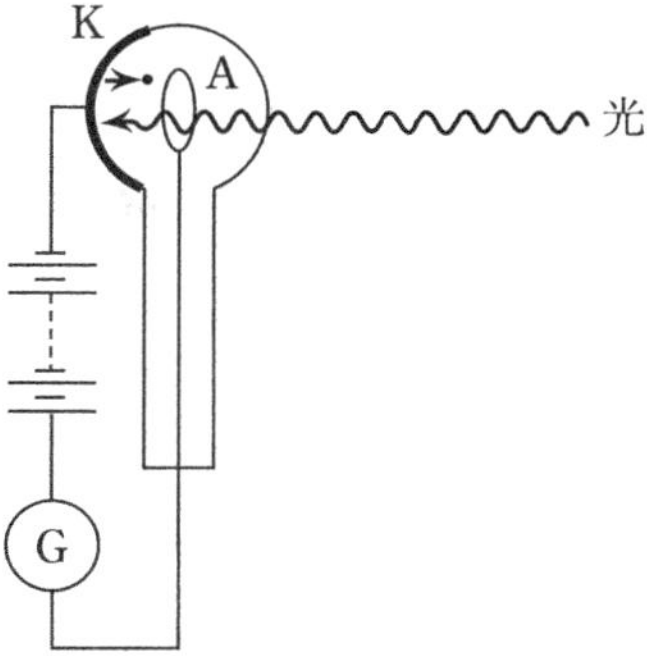

図12　光電管の原理

光電効果におけるいろいろな実験、つまり電子が飛びだすための最低の光に必要な振動数とか、飛びだした電子の運動エネルギーとかを詳細にしらべ、*h*の詳しい値を出したのはロバート・A・ミリカンである。ミリカンはアメリカの実験物理学者であり、ミリカンの油滴実験（電子の単位電荷を決定）などでもよく知られている。プランク定数の決定という業績とも合わせて、ノーベル物理学賞を受けた。

$$h = 6.6255 \times 10^{-27} \text{ エルグ・秒}$$

これが一九一六年にミリカンの出した値である。

不確定性原理

しばらく光の粒子性を問題にしてきた。いってみれば古典的な光から光量子への道を、かいつまんでふりかえったわけである。しかし、光量子の運動量やエネルギーを決めるプランク定数hに関して、重要な解釈を与えたのはハイゼンベルクであった。第二章のガンマー線顕微鏡に話を戻し、もう少しくわしく検討することにしよう。なお、第二章では電子の速度を問題にしたが、正確にはそれは運動量としなければならなかったのである。同じガンマー線の蹴りでも重いものは動きにくい、という事情がある。

顕微鏡で電子をのぞいたとき、その位置の不確定の大きさをΔxとし運動量の不確定の程度をΔpで表そう。つまり電子はΔxという範囲の中にいることはまあ明らかではあるが、その範囲のうちのどこにいるかは不明——というよりも、正しい解釈にしたがえば、Δxのうちのどこにでも存在している——であり、観測した電子の運動量も、Δpという範囲内ではわれわれは何も知らない——つまりこの範囲内のすべての運動量を所有している——としてみる。要は、ΔxやΔpがどれほどの大きさになるかである。

顕微鏡の分解能は、観測に用いる光の波長程度だといったが、実際にはレンズの大きさや、物体とレンズとの距離にも関係してくる。レンズの直径$\overline{AB}$が長ければはっきりするし、物体とレンズの縁までの距離$\overline{AE}$は短いほど分解能はいい。光学的な研究によると、分解能——つまり物

体の位置を認められる範囲というものは、ほぼ、

$$\Delta x = \frac{\lambda}{\frac{\overline{AB}}{\overline{AE}}}$$

になることが明らかにされている。

一方、h/λ の運動量を持つ光子で物体をはじいたとき、物体はどちらにはね飛ばされてしまったのかよくわからない。特にレンズが大きく、ＥとＡとの距離が近いほど、電子を横に強く蹴った光がレンズに飛び込んでくる可能性がある。このため、観測された電子の運動量の不確定の度合いΔpは、用いる光の運動量h/λに$\overline{AB}$と$\overline{AE}$との比をかけたもの、

$$\Delta p = \frac{h}{\lambda} \times \frac{\overline{AB}}{\overline{AE}}$$

になる。

ここで、ΔxとΔpとをかけ合わせてみる。そうすると、レンズの直径とか、レンズと物体との距離などという、使用する顕微鏡独特の数値は消え去り、しかもλも消去されて簡単に、

$$\Delta x \cdot \Delta p = h$$

となる。この関係式が、ハイゼンベルクの不確定性原理である。

ハイゼンベルク

ハイゼンベルクは二〇世紀の最初の年、一九〇一年（明治三四年）にドイツのヴュルツブルクに生まれた。理論物理学の興隆期であり、しかもその中心都市であるミュンヘン、ゲッチンゲン、コペンハーゲンで、これまた一流の教師であるゾンマーフェルト、ボルン、ボーアに師事している。ドイツでは（ドイツに限らず、外国では殆どそうであるが）学究の徒は一大学に定着することなく、折をみては各研究室を回って自らを磨いていく慣例になっているが、ハイゼンベルクなどもこの制度を最も有効に実行した一人であろう。

一九二五年に、彼はボルン、ヨンダンとともにいわゆる前期量子力学とはうってかわった新たな量子力学——今日でいうマトリックス力学を創始している。

それまでの物理学では、たとえば電子などの位置xとか、運動量pあるいはエネルギーEなど、いずれも単なる数値であったが、極微の世界では玉突きの玉とは違うから、昔通りの数学を使っていたのでは間に合わない。ふつうのxやpではいくら方程式をやりくりしても昔ふうの玉しか書くことができない。位置とか運動量というものの概念の変更とともに、それを記号的に表現する数学の方にも、当然大がかりな変更が必要になってくる。そこでハイゼンベルクらは、もっと別の数式が必要である……といろいろ思索した結果、マトリックス（日本語で行列という）を使うと、これまで述べてきたようなミクロの世界の不思議な性質がうまく式にのることを見つけだしたのである。

なお第六章で再び述べるが、x、p、Eのように観測の対象になる物理量のことをオブザーバブルという。

ハイゼンベルクは一九二七年にライプチッヒ大学教授に任ぜられ、この年に不確定性原理を提唱した。位置と運動量とのうち、一方をはっきりさせればさせるほど、他方はそれに反比例して不確定になっていく……。実験器具の不正確さのためでなく、もっと自然の根本原理から、このことは主張されなければならない。とにかく理屈の上ではどこまでも精度を高められるとしたこれまでの物理学にとって、大きな改変であった。

なおその後もオーストリアの物理学者パウリとともに、空間の状態を量子論的な計算法で処理するハイゼンベルク・パウリの理論を展開、その後も原子核構造論、核力の理論、磁性に関する考察、超伝導（極めて低温で、ある種の金属の抵抗がゼロになってしまう現象）の研究など、その業績は極めて広い分野にわたっている。物理学にかぎらず、何をやらしても名をなした人であろうといわれているが、単なる器用人では決してない。

一九二九年（昭和四年）にイギリスの物理学者ディラックとともに来日し、また、一九六七年（昭和四二年）にも夫人同伴で日本の各地を講演し、物質の究極は原物質（ウルマテリー）に帰せられることを主張していたことは記憶に新しい。

量子力学の開拓者の多くは病没したが、彼は一九七〇年現在も、なお活躍している残り少ない物理学者の一人である。一四二ページに載せたのは、不確定性原理を発表したころの若きハイゼンベルクの写真である。

第四章　因果律の崩壊

対岸を眺めたニュートン

山水花鳥、晴雨風雪、自然の現象はまことに変化に富んでおり、その複雑なことは尽きるところを知らない。水は低きに流れて川となり、地に蒔《ま》いた一粒の種はまもなく芽を出して花を開き、ときには天をつくような大木にも生長する。星はめぐり、季節は繰り返す。投げられた石はやがて地に落ち、動かされた振り子は急ぐことなく遅れることなく、そのままの調子で揺れている。水は深きにしたがって圧力を増し、山高ければ空気は薄くなる。

こうした森羅万象ことごとくが運動の基本法則から解き明かされるものとして、自然界と向かい合ったのがニュートンであり、一七世紀から一八世紀、さらに一九世紀も中ごろまでの自然観であった。

ニュートンの立場については、第二章や三章で問題にしてきたが、観測するわれと、観測される対象物である自然界との関係についてはなにも触れられていない。いいかえれば、大自然という大きなるつぼをその外側から正視している。自然界のできごとすべてを、対岸の現象としてとらえ、川をはさんだこちらの岸から見守っているのである。るつぼの中でどのような葛藤が起ころうとも、川をへだてたむこう岸がどんなに喧噪な娑婆であろうとも、これを見つめる観測者にとってはすべてが他人ごとである。

われ（測定する者）とかれ（自然現象）との間に巻き添えとか、とばっちりとかいう言葉を完全に拒否した姿勢……これがニュートンの立場だといえる。神にかわって、真理という言葉のひびきが犯しがたい威厳をそなえ、測定結果の絶対性に批評の目を向けることを許さなかった。

相対論も古典物理学である

まもなく力学のほかに、電磁気学という大きな分野が物理学の中に入り込んできた。実験的にはイギリスの科学者ファラデー(一七九一―一八六七年)が電気に関する数多くの現象を見つけだし、同じくイギリスの物理学者マックスウェル(一八三一―一八七九年)が、巧みに数学を用いて、電気と磁気とについての理論をまとめあげた。ニュートンの運動方程式とマックスウェルの電磁方程式とは、自然現象の基盤であり、物理法則の骨子である。

さらに一九〇五年、アインシュタインの特殊相対論が世にでるに及んで、空間と時間とを同等の立場で方程式の中に繰り入れなければならなくなった。さらに一九一五年の一般相対論により、ニュートン方程式の不完全さが充分問題にされるほど目にたつようになり、実際に水星の運動を正しく測定してやると、アインシュタインの主張通りになることがわかった。

このようにニュートンの力学は多少修正されたが、「対岸を眺める」というニュートンの思想の基盤は相対論に至っても変わっていない。確かに相対論は、存在する物体とそれを見つめる自分との間に、一定の速さの光が必要であることを主張する。そのために空間や時間に対する考え方は根本的に改められ、猛スピードで走る棒はその長さが縮む……という予想もしなかった結論がでてくる。

しかし相対論は、光の速さが有限であることは述べているが、その光が対象物の状態を乱してしまう……などということには少しも触れていない。それどころか、そのような不確定さを全く認めていないのである。

だから、相対論によれば互いに走っている体系どうしでは、相手方の時間の経過が遅れるとされるが、それがどれくらいのろいかは、確実にわかっているのである。お互いの速度が判明していれば、それから結論される現象がたとえどんなに常識外のことではあっても、結果は確固として決まっているとするのである。

古典物理学という言葉は、ふつうに解釈すれば古い物理学という意味になろうが、正確には、測定という操作が対象物に何らの変化ももたらさない立場にたった物理学……のことである。この意味では相対性理論も古典物理学である。古典物理学の最も完成された極限状態が相対論である……といえるだろう。

物理学は量子時代を迎えて

古典物理学の反対語は量子物理学である。二〇世紀になって原子や電子の研究が盛んになると、どうしても古典的な考え方では説明のつかない問題が続出してきた。

はやい話が第三章で述べたコンプトン効果もその一つである。光電効果も同じである。原子からでてくる光の波長がとびとびであること、なぜプランクの式（第三章での話のように、分母から1を引いた式）が正しいかということ、あるいは固体の比熱が温度の低いところではぐっと小さくなるという事実……これらはニュートン力学でも、マックスウェルの電磁方程式でも、さらには相対論を応用しても解決できない。対岸の自然現象を眺めて、すべてのものは解決された、あるいは解き明かされる可能性をもつ、とする自負は、原子の世界で支持を失ったわけである。

そこで、量子論の誕生期には、のちに述べるようなボーアの量子条件というもので急場をやりくりすることになる。考えてみれば古典物理学というのは、一朝一夕にでき上がったものではない。多くの賢才が何世紀もの長い年月の間につくりあげた完璧な（……と思われた）学問体系である。新しい理論を組み立てるには、いつの世でも古いものを乗り越えなければならない。しかし古いものも、それが何百年もかかって少しずつ積み重ねられてきたのであれば、それはそれで充分なねうちを持つものである。古いものを簡単に否定することは、昔の人間はみんなばかだときめつける思い上がりに通じる。

物理学の問題にしても、従来の理論を多少手直しするだけでうまく実験結果が説明できれば、これに越したことはない。いや、新しいものとはそういうふうにして創りあげられてゆくものだ。

月水金には波と考え，火木土には粒子と考える……

必要以上に革新性にこだわるのは、むしろ邪道であろう。
……というような思想から生まれたのが、ボーアの量子条件である。こうして原子核のまわりを電子が回っているという考え方は、一九一〇年代の古典物理から量子物理への過渡期の模型になった。

ところが、やがて電子の波動性なども発見されるにつれ、ミクロな現象に関するさまざまの新事実は、古典物理学ではもちろん、ボーアの量子条件による原子模型をもってしても、どうにもならなくなってしまう。

原子核は原子の中心にでんとかまえたつぶである。電子はそのまわりを適当な条件で回っている粒子である。そうして光は電子から出てくる波動である……とするような古典的思想はしだいに力を失ってゆく。かわって、量子という新概念を用いて原子の構成メンバー、および原子そのものを再検討することが、時代の要請となるのである。

量子とはどういうものか？　それは月水金には波と考え、火木土には粒子と考える――ブラッグ卿のこの言葉からも当初の科学者たちのとまどいぶりがはかり知れるであろう。では残る一日、日曜日には何をするか……。日曜日には神に教えを請う、というていねいな落ちまでついていた。

ハイゼンベルクの不確定性原理からは、まず波動・粒子のジレンマに対して理論的な解釈をとりだすことができる。これには、相補性をもちこんだニールス・ボーアあたりが一番よろこんだに違いない。

不確定性原理によれば、われわれの観測が相手と没交渉ではありえないという宿命が、たまたまミクロの世界でクローズアップされて、これが問題の二面性を生むのだという。たまたまといういい方はおかしいかもしれないが、かりに玉突きの玉を小さく小さくしていけば、やがてわれわれには量子(電子か光子か中性子かというささいなことはぬきにして)としてしか見えなくなる……ということである。あるいは、玉突きの玉やボールを小さくしてゆくかわりにプランク定数のhを大きくしてやってもよい。もちろんそんな勝手なことは不可能だが、もしかりにそれができたとしたら、大リーグボール二号についてのコン＝ピューター教授の解釈は正しいことになる。

物理学は常に現実に立脚しており、信ずるに足る観測とそれにもとづく理論がすべてである。原子についての精密な議論や量子力学（量子を扱う力学体系）の構成にあたって、この不確定性原理は、常に考慮されなければならない基本原理なのであった。

ジキルとハイド

光の二面性について考えてみよう。

運動量の不確定さをΔp, 位置の不確定さをΔxとすると、$\Delta x \cdot \Delta p = h$というのが不確定性原理であった。

まずかりに、hの値をゼロに丁度等しいとしたらどうなるか。このときには、明らかにΔxもΔpもゼロにすることができる。

つまり位置も運動量もともに決まると考えてさしつかえない。ここに現れてくるのは、われわれが常識的な粒子としている古典物理の粒子である。

hをゼロにするとはどういうことか。自然界のエネルギーは連続であってとびとびでないとすることである。つまり自然界が連続でのっぺりしていればすべては古典理論で片がつき、ラプラスの悪魔もよみがえる……。

その次に、$h = 6.6255 \times 10^{-27}$エルグ・秒であるとして、$\Delta x$をほぼゼロに等しいとしたらどうなるか。移項して、

$$\Delta p = \frac{h}{\Delta x}$$

であるから、Δpは無限大の範囲で不確定となる。ということは、ともかく運動量などを問題にしなければ位置だけははっきりする。古典粒子には位置がある。古典的波動には位置などナンセンス……であるから、この場合はどちらかといえば粒子性を表したものといえるだろう。

ある瞬間における電子の蛍光スクリーンへの衝突——などの場面を考えれば、これは位置を確

定させることになるだろう。

さらにその次に、Δpをゼロに近づけたらどうなるか。右と同じように考えると、運動量は決まるが位置の方は、無限大の範囲で不確定となる。位置など問題外として運動量だけを考える――もちろんこの場合の運動量はmvでなくて(光にはこの定義がきかない)、$p=h/\lambda$であったから、運動量の決定とは、とりもなおさず波長を決めてやることに相当する。回折とか干渉とか、ともかく波長で片がつくすべての現象を考えるとき、光に対してこのような扱いをしていることになる。

つまり光の粒子説といい波動説というのも、要は不確定性原理の式で、実験事実に合わせてΔxをゼロとするか、Δpをゼロとみなすかの違いなのである。

この関係式はあらゆる粒子に対して成立する。電子、アルファ粒子（二個の陽子と二個の中性子とからできている粒）、陽子、中性子など、常識的には粒子と考えられていたけれども、Δpをゼロとしてやれば、そのまま波動像ができあがる。

フランスの理論物理学者ド・ブローイは物質粒子の流れは波動としての性質をもつことを主張した。これを物質波というが、シュレーディンガーの波動力学の開発に、大きなヒントを与えたものである。物質波の振動数とエネルギーとの関係および波長と運動量との関係は、アインシュタインが光子について提唱したものと全く同じである。

アメリカのベル電話会社のデヴィソンとジャーマーは一九二一年頃から電子の流れをニッケル

板などに当てる実験を行った。電子はいろいろな方向に曲げられて後ろの円筒板の内側に当たるが、曲げられる角度により濃淡があることがわかった。さらにこの方法を改良して精密な実験を行った末、電子の流れも波と認めざるを得ないという結論に達した。

さらにわが国の菊池正士博士は、電子の流れを雲母の薄い単結晶に当ててこれを通過させ、後方に縞模様のできることを確かめている。

これらはいずれも、電子という粒子（と考えられていたもの）が走るとき、波動としての面を示すあかしである。つまりは、不確定性原理が自然界（人間の見る）の究極で普遍的に成立していることの証左になっている。

不確定の意味

こう考えてくると、光でも電子でも、すべてに不確定性関係の成り立つことがわかる。電子に対して$\Delta x \cdot \Delta p = h$が成り立つことは第三章で述べ、光に対して成立することは仮定としてすでに用いた。事実、光に対しても同じ式が成り立つのである。

光が金属にぶつかるときには局所的にエネルギーを集中する。つまりΔx（場所のわからなさ）は非常に小さい。ところがレンズを通過する光は……レンズいっぱいに広がっているのである。望遠鏡でも眼鏡でも、レンズは原子にくらべて遙かに遙かに大きい。光の存在領域Δxは、レンズの直径というように、とんでもなく大きな値になっている。
電子などがある領域の中だけに存在するとき、そのもようを数学の関数というものを用いて、

$$\psi = \psi(r)$$

というように書く。ギリシャ文字のプサイなどを使うから初心者にとっつきにくい感じがするが、ψ（プサイ）がいやならfでもgでもかまわない。rというのはある点からの距離であり、rが一オングストローム（一億分の一センチ）なら$\psi(r)$は大きく、二オングストロームなら$\psi(r)$は小さいというなら……電子はある点の近くに大いに存在し、そこから二オングストロームも離れれば、まずは存在していないと解釈する。

どんな事柄――あるいは概念――でも、それを説明するのに特殊な単語、専門用語あるいは特別な記号を使うのは、元来は邪道である。ところが日常使われる語彙《ごい》の組み合わせだけでは、どうしても叙述に正確さを欠く……というような場合には、やむを得ず特殊記号を使用するはめになる。光子（電子でも、その他の粒子でも同じことだが）の妙ちきりんな状態に、そっくり当てはまるのが$\psi(r)$なのである。数学というものは、われわれがなんとかうまくいおうとしてもどうにも言葉ではいいきれないなどというときに、まことに好都合なテクニックだといえる。

ではあるが……やはり数学など、特にψなどは大嫌いだ、といわれる方も多いだろう。光子、電子その他の粒子とは、結局どういうものかを、しいて言葉だけで表現するなら、

「金属板などに当てたときには粒子的な性格を見せ、レンズ、回折格子などを通したときには波動的な振舞いを示すところのものである」

というように、関係代名詞的ないい方が最良であろう。なされた結果の方はわかるが、観察される以前のことについては、なんともいいようがないのである。

時間も不確定

相対性理論によれば、空間と時間とは対等にとり扱うべきである。とすると、Δxの入るべき場所に、時間の不確定さΔtをもってきた関係式があってもいいはずである。いや、存在しなければならない。

このことについて、わかりやすい説明を考えてみよう。われわれが海の中に海水パンツをはいて立っており（海は浅くて充分背は立つとする）、立ったまま海の波の振動数を測ろうとする。自分の胸の付近を見ていると、波のために水位は上がったり下がったりするはずである。最も深いときには水面が首まできて、やがて臍《へそ》のあたりまで下がり、再び上がって首までくる……その時間のあいだ、つまり波がひとゆれする間海の中に立っていなければ、波のゆれ数（一秒間に何回ゆれているか……もっとも海の波なら数十秒に一回のわりでゆれているだろうが）はわからない。要するに、海中に立ったその瞬間に、波のゆれ数を判定しようとしても、それはできない相談である。

飛びこんだ瞬間では振動数はわからない

一秒間に何回ゆれるか、その回数（つまり振動数）をνとする。νの値を確認するのに必要な時間、つまり波が一振動する時間Δtは、海の波の話から考えて、

$$\Delta t = \frac{1}{\nu}$$

となる。さて測ろうとするエネルギーの不確定の度合いΔEを、量子力学の公式を使わせてもらって、$\Delta E = h \cdot \nu$とし、この左辺を先の式の左辺に、右辺を先の式の右辺にそれぞれかけ合わせてやれば、

$$\Delta E \cdot \Delta t = h$$

となる。つまり時間とエネルギーの間に不確定性関係が成立する。

もちろん海の波の話から、いきなり量子論の公式に飛躍するあたり、決して正しい説明方法とはいえない。まあ、考え方の一応の目安という程度で、結局一瞬間におけるエネルギーの厳密な値はさだめにくい……さらに一瞬間（つまりΔtがゼロ）での正確なエネルギー量などというものは思考の対象にならない……ということを、納得していただきたいのである。

エネルギーが正確なときには

原子物理学などでは、エネルギーの値を正確に決めてやらなければならない場合が多い。たと

えば水素原子のエネルギーの値はかくかくしかじかであるから、それから出てくる光の波長はきまっているとか、単振動をしている原子のエネルギーは（このことはのちに述べるが）$h\nu$か$2h\nu$か$3h\nu$か……というように確定している（エネルギーの値がこのようにたくさん考えられても、このことはエネルギーの値が不確定ということとは違う。$h\nu$とか$2h\nu$とかいうように確定しているのである）などとよくいう。この場合には、時間の方は圧倒的に不確定となる。はやくいえば、いつでもそのようなエネルギー値を示すということなのである。このようにいつでも同じような状態にいる物理的な体系のことを、定常状態にあるという。量子力学の問題を解くときには、対象物を定常状態であるとして、体系がとることのできるエネルギーの値をはっきりと求めてやることが多い。不確定性原理で、ΔEをゼロ、Δtを無限大としているわけである。

それでは逆にΔtが小さく、ΔEがうんと大きいという場合があるか?

ある。不確定性原理によれば、エネルギーは瞬間的にはとんでもない値になり得るのである。そうしてエネルギー保存則という自然界の基礎的な原理も、このことについては文句はいわない。これは中間子のところで改めて述べることにしよう。

実例について考えてみると……

石も本も机も自動車もそして人間の身体も、結局は原子からできている。原子に対して不確定原理が成り立つならば、それらの集合物である石についても自動車に対しても、同じ原理が成立してもいいはずではないか？

その通りである。理屈からいえば石も自動車も不確定性原理の支配下にあるのだが、いかんせん、質量があまりに大きすぎる。大きな質量の中に、自然界の基本法則は埋没してしまって、実際にはとても問題にならない。

実例で考えてみることにする。位置をかなり正確に決めて、原子の大きさぐらいまで（数オングストローム、つまり一センチの一億分の一くらい）はっきりさせたとしよう。

このときの運動量の不確定さはほぼ$\Delta p = 10^{-19}$（センチ・グラム/秒）という値になる。運動量という概念がもともと理解しにくいものであるから、こういわれてもピンとこない。そこでもっと直感的な速度に直してみると次のようになる。

たとえば、一トンの自動車では速度の不確定さは、毎秒10^{-25}センチほど——つまり一秒間走るうちに、一センチの一〇兆分の一のさらに一兆分の一ほど速さが狂う（不確定になる）。これでも……実のところまだピンとこない。だったら、こういい直そう。この自動車の速度の狂いは、一兆年の一〇万倍（もちろん地球の寿命——数十億年——よりも遥かに遥かに長い）走って、たった一センチであると……。とにかくこれだけの狂いは、エンジンの不調のためでもなく、油の不良のせいでもなく、物理学の原則にのっとって生じるのである。

自動車ではこのように話はまったくナンセンスだが、電子だとどうなるか？　電子の位置の不確定さが原子の大きさ程度（数オングストローム）だとしてみる。運動量の不確定さは自動車と同じで10^{-19}（センチ・グラム/秒）であるが、電子の質量は自動車と違って10^{-27}グラム（一グラムの一〇〇兆分の一をさらに一〇兆で割ったもの）である。これはミカンを地球ぐらいに大きくするのと同じ割合で電子を大きくすると……やっとミカン程度になると思えばいい。ただし大きさでなく、重さについての比率である。

従って電子の運動量の不確定さは小さいが、速度の不確定さの方は秒速一〇〇〇キロメートルという途方もない大きさになる。電子については速度でいってもピンとこないから、運動エネルギーに換算してみると、数エレクトロン・ボルト、つまり原子核がやっとの思いで電子を束縛することができるほどのエネルギーが不確定となる。つまり電子のいどころを、これよりもう少しはっきりさせようとすると、電子は不確定の速度のために、原子から離れてどこかに飛んでいく……という結果になってしまう。ということは、原子の中に電子が収まっているためには、直径数オングストロームの原子の中のどこにでも部分的に存在していなければならないわけであり、右上とか左下とか原子の中の特定の部分に位置している……などと断定することはできないのである。

原子模型

一九世紀の末から二〇世紀の初めにかけて、分光学という学問は物理学の中の花形の一つであり、多くの学者がこれに携《たずさ》わった。分光学とは、わかりやすくいえば、やってくる光をプリズム(実際にはもっと精度のいい回折格子)を使って、どんな波長のものがまざっているか測定してやる学問である。しかし、こうした調査によって光そのものを研究するのが主要な目的ではない。波長を知ることにより、発光体である分子や原子の構造を推定しようというのである。分光学の狙いは光の性質でなく、原子を間接的に研究することだ、といってもいい。敵は本能寺にある。

原子からでる輝線スペクトルをたよりに、原子内の電子のもつエネルギーの値を調べていくいきさつは多くの書物に書かれており、初期の頃の量子力学の大きな成果になっているが、とにかくボーアによって提示された結論は、原子内の電子のエネルギーはとびとびの値しかとることができない……ということである。

原子核をめぐる電子は、大きな半径で回るほどエネルギーは高く、半径が小さいほど低エネルギーである。エネルギーがとびとびだから、円運動をする電子の軌道も、当然とびとびである。

電子はきめられた半径で核をめぐり、小さな半径の軌道に飛び移るとき光をだす……というのがボーア・ゾンマーフェルトの原子模型であり、このようなかたちで、とにかく分光学との間に辻褄を合わすことのできた理論を、前期量子力学といっている。のちに詳しく述べるが、ボーア

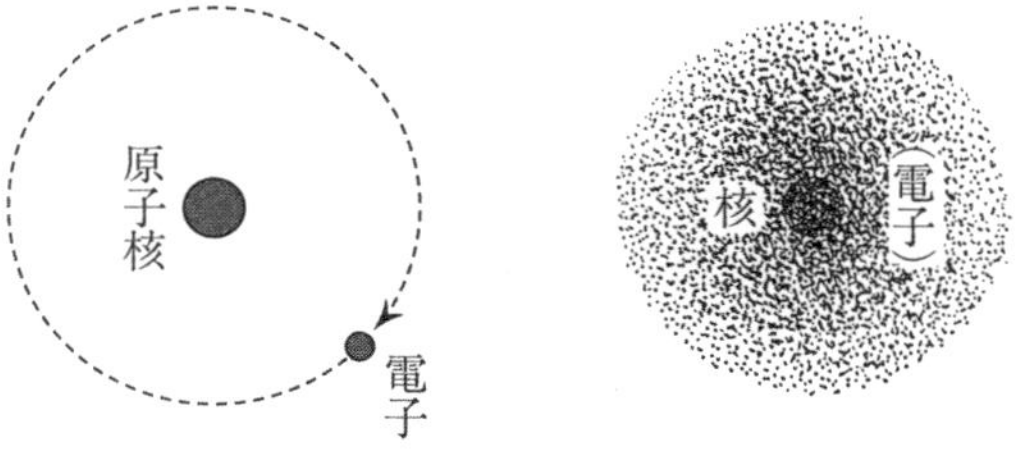

図13　ボーアの水素原子模型(左)と電子の状態(右)

を首班とするコペンハーゲン・グループの、画期的な研究の先がけになっている。

原子の中の電子

ではあるが、ボーアの理論はあまりにも模型的でありすぎる。中心に原子核があって、その周囲を電子という玉がグルグル回っている……とは、どう首をひねっても、チャチな話である。いかに分光学とよく合うとはいえ、本当にこんなことでいいのか……という疑問は、当のボーアさえも持っていた。

原子模型の変更を、しんそこから強制したのは、一九二七年の、ハイゼンベルクによる不確定性原理である。まえにも述べたように電子は原子の中のどこにでもいなければならない。

とはいっても、半径一オングストローム程度の球の中に、全く同じような濃度で存在しているわけではない。いくら不確定でも、どの部分には大いに存在し、どのあたりには少なくただよっているかは判明しているのである。この濃淡の度合いを表すのが、さきにもちょっとふれた関数ψ(さ)であり、これは量子力学(前期量子力学ではなく、その後に発展した波動力学)を解いて求めてやることができる。

詳しい研究によると、水素原子では電子は原子核のまわりにまんべんなく存在しているが、存在の度合いを表す雲は、中心に近いほど濃く、核から離れるにしたがって淡くなっていき、遠い場所では次第に消えていく。ヘリウム原子には二個の電子があるが、二つとも同じように核のまわりにむらなく存在する(つまり、方向性をもたない)。

ところが炭素原子などでは、大分おもむきを異にする。炭素は他の元素(あるいは炭素どうしと結合して、分子や結晶をつくるが、このとき二つの電子は核の周囲にまんべんなく存在するが、他の四つの電子は核から四つの方向に対称的に細長く突き出ている。ちょうど原子核が正四面体の中心にあり、電子は四つの頂点の方向に伸びているわけである。

さて、電子雲が他の電子雲と重なると(このことをオーバーラップという)、ここに強い引力が生じる。マイナスの電気どうしだから斥力になりそうなものだが、量子力学的な計算によると、逆に結びつくのである。だから炭素原子は、他の原子の四つの電子と結合する能力をもっている。化学ではこのことを、炭素は四価の原子であるという。

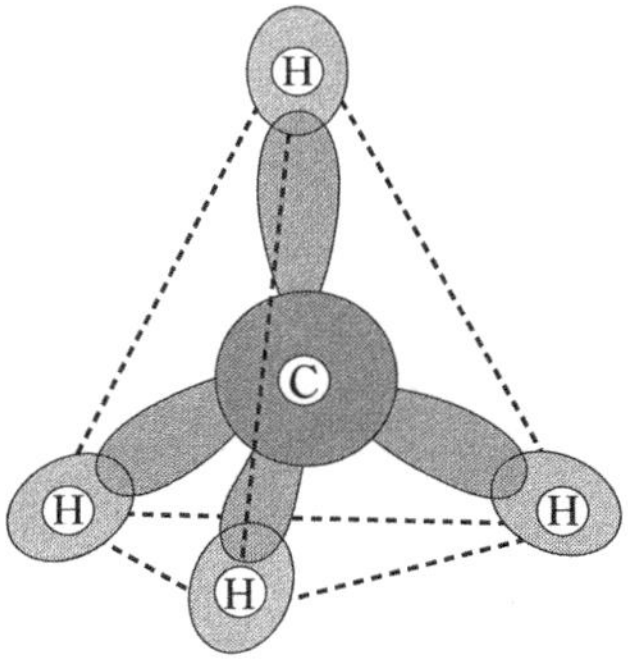

図14　メタン分子の構造

図はその四つの電子が、いずれも水素原子と結びついたもの、つまりメタン分子である。ただし電子の存在範囲は、図に曲線でかこったようにはっきりしているわけではない。電子の存在領域を見やすくするために、わざと線でかこったのである。

中間子の発見

原子核の中で、陽子や中性子はおたがいに力強く結びついている。すぐまえに述べたように、炭素と水素の結合のような化学的な力はエネルギーに直すと数エレクトロン・ボルト程度であるが、陽子や中性子（これを総称して核子という）の結合力は、これの一〇〇万倍ほどである。

湯川秀樹博士はこの力を説明するために、核子は互いに中間子という粒子をやりとりしているのだと考えた。

電気を帯びたものどうしや、磁石と磁石との間には力が働くが、素粒子論の研究によると、これらの物体は交互に光子を投げかけているのである。核力というのも結局は粒子の授受だとし、光子のかわりに中間子を提唱した。

中間子という名前は……質量が電子と核子との中間だからこうつけられたわけであるが、実際にまだ見たことのないこの粒子の質量が、一体どのようにして予測されるのか？

そのまえに、中間子の行動を考えてみよう。光子は電子から飛び出し、電子に吸収される。中間子の方は核子から出て核子に入る。光子は、電子と電子との間をえんえんと旅行するが（実際に星から地球まで……というように、宇宙空間を大旅行する光子もある）、中間子を発射および吸収する核子は同じ原子核の中に収まっているのである。だから中間子の旅行距離はうんと短いし、しかも非常に短命である。

中間子が核子から核子へと走る速度は光速度と同じくらいだろう。核子の間隔はせいぜい原子核の大きさ程度、つまり10^{-13}センチ（一センチの一兆分の一のさらに一〇分の一）の数倍ほどである。とがった針の先端のほんの一部を折り（目に見えるか見えないくらい）、これを地球程度に拡大するのと同じ比率で原子核を大きくしてやると、原子核はやっと針の先端ほどになる。

まえには、電子の重さをたとえるのに、ミカンと地球の例をひいたが、原子核の大きさを問題にするときには、もっと小さな針の先端と地球との割合でいい表さなければならない。この短距離を、中間子は猛スピードで走ってしまうのである。

詩人野口雨情は子供のつくるしゃぼん玉にさえ、心を寄せて、

「うまれてすぐに、こわれて消えた」

と、そのつかの間のいのちをうたっているが、中間子の寿命はもっともっと短く、10^{-23}秒（一秒を一兆で割り、さらに一〇〇〇億で割ったもの）ほどであり、感覚的には見当もつかない。

中間子の質量も不確定性原理から

ここで「質量とはエネルギーである」ということを認めていただきたい。アインシュタインの相対性理論によると、質量（m）はそのままエネルギー（E）であり、両者のあいだに、

$$E = mc^2$$

という関係がある。cは光の速度である。それでは一グラムの石は10^{21}エルグ、つまり数百億キロカロリーというとんでもないエネルギーのことか？　理屈からいえば、その通りである。ただわれわれの持つ技術では、石を消して大エネルギーを得るという方法が開発されていないだけである。ウラニウムあるいは重水素のような特別な物質に核反応をおこさせ、質量を反応まえよりもわずかに減少させることにより大きなエネルギーをとりだす……このあたりが、現在の人間がなし得る（質量）↓（エネルギー）の変換である。

とにかく、質量はエネルギーである。とすると、中間子を発生させるということは、とんでもなく大きなエネルギーをつくりだすことになりはしないか。

確かに中間子の出現は、大エネルギーが忽然と涌いたことに相当する。物理法則の基本原理であるエネルギー保存則はこれを黙って見ていていいのか?

幸いに不確定性原理というものがある。中間子の寿命はほんの一瞬間である。いいかえると、中間子が存在した時刻は非常に非常に正確に指摘できる。この時間（さきの10^{-23}秒）を$\Delta E \cdot \Delta t = h$の$\Delta t$の部分に代入してみると、$\Delta E$は極端に大きな値になる。そのくらい大きなエネルギーが、瞬間的に存在してもかまわないのである。いつまでもそんな大きなエネルギーがあっては困るが、一瞬間だから許されるのである。この大きなΔEを$\Delta E = mc^2$の式に入れてみると、質量mは電子の二〇〇倍から三〇〇倍くらいになる。

実際に正および負の電気をもったパイ中間子（π^+およびπ^-と書く）の質量は電子の二七三倍、電子をもたないパイ中間子（π^0）のそれは電子の二六四倍であるが、不確定性原理だけから、パイ中間子の質量は、おおよそ見当がつくのである。

一九三五年に湯川博士が中間子論を発表してから二年後、おりから世界旅行中のボーアが日本に立ちよった。このときボーアは中間子論に極めて冷淡であり、

「あなたはそんなに新粒子が好きか」

と湯川博士に聞き返したといわれている。

皮肉なことに、その会話から何ヵ月もたたないうちに、アンダーソンらによって宇宙線の中に中間子が発見された。折衷という態度だけではどうにもならないことがある……ということの一例でもあろう。

悪魔はよみがえらず

これまでの議論を、かりにラプラスの悪魔がきいていたら何というだろうか。人間なんてその程度のものさ、おれには目をつむっていてもすべて見通し……などとはいわないはずである。

ラプラスの悪魔といえども人間の考え出したものである。人間が信ずるに足るとする悪魔は、当然人間とのあいだに、何らかの交渉をもつようなものでなければならない（たとえば会話のやりとりとか、悪魔から合図をもらうとか）。つまり悪魔を通して人間が自然現象を知覚したとしても、人間はやはり自然と——間接的に——作用を及ぼしあっているわけである。

仮りにラプラスの悪魔が、自然を少しも乱さずに観測できる……などといいだしてもこれは人間——とにかくわれわれのような意識をもつ存在——にとって、全くカンケイないことである。そんな悪魔は空虚な観念的所産に過ぎない。

たとえば、もっと高級な悪魔がいて、実はお前たち二人のいい分をきいていると、やはり人間の方が間違っている……と裁定したとしても、これまたわれわれには、すべてチンプンカンプンであるにちがいない。この悪魔対人間の主張は……平行線をたどっているだけであり、両者の間に少しも交わるところがないのだから。雲の上に天国があると主張するものと、そんなものは信じないと頑張る人間との、水掛け論のようなものである。人間の信ずる悪魔とは、人間と同じように生物として観測を行い、われわれと同じような論理を使って物理学をつくりあげる生きものなのである。

ところで、玉突きの白玉は現在の位置も速度もわかっているから、爾後の玉突き台の上でどんな現象が進行するかは確定している。ところが電子に衝突する光は、運動量がはっきりしていれば位置はあやふやである。だからこれが電子に衝突できるかどうか、保証の限りではない。もし電子にぶつかったとしても、この瞬間の光の運動量は決められないから、衝突後の電子は一体どちらにどれぐらいの速さではじかれるのか、誰も知らない。

誰も知らないの「誰」の中には、実はラプラスの悪魔も入っている（ラプラスの悪魔も、現実界に住む一員として認めるからには）。どんな小さな粒子でも、それらの相互作用——わかりやすくいえば衝突——のからくりを、とことんまで知っているのがラプラスの悪魔である。ところが運動量の確定している粒子の位置は——端的にいえば「ない」のである。つまり位置というものを考えてよいのやら悪いのやら、その保証が全く得られないのである。逆にもし位置がはっきりしていれば、その粒子は運動量という性質を所有していない。いかにラプラスの悪魔といえども、今どっちの方向へどれほどのスピードで走っているか皆目わからないものについて未来を予言せよといわれても、どうしようもないだろう。粒子の数がどんなに多くても、衝突の機構がどれほど複雑でも（たとえ五重衝突でも、一三重衝突でも）、ラプラスの悪魔は辟易《へきえき》しない。しかし力学の必須条件である位置と速度（あるいは運動量）の一方が全くない……あるいは双方ともに不明瞭である……ということになれば、完全無欠と思われていた超人的な悪魔も、手をこまぬいてしまうのである。こうして因果律は、原子の世界では、大きな改変にせまられたのである。

　さきに、因果律が完全に存在するためには、①すべての粒子の初期条件（ある瞬間の粒子の位置と運動量）が完全にわかっていることと、②粒子間の衝突のもようが一〇〇パーセント正確に予測できることが必須条件だと言った。そうして量子物理学の抬頭するまでは、①も②も原理的には判明するもの……と信じてきた。いいかえれば、ラプラスの悪魔は、どこかに存在している……と確信していた。

　ところが不確定性原理により、①はもちろんのこと、②も成立しなくなったのである。①の位置と運動量とがともには決まらないことは、$\Delta x \cdot \Delta P = h$ の式そのものである。また②の衝突――さらに一般的にいえば相互作用――は、物理法則としては一見確固としたもののようであるが……結果は確率的にしか決定されないのである。波としての性質をもった光が走っていき電子にぶつかる……ということになると玉突きを想像するわけにはいかない。へたをするとぶつからないかもしれない。結局、①の不確定が②の不正確にそのままつながってくることになり、①と②とを切り離して考えることはできなくなる。こうして自然界の現象の推移は……これを見つめる人間がいくらジタバタしても、確定した結論に到達することはないことになる。

第五章　忍術と不確定性原理

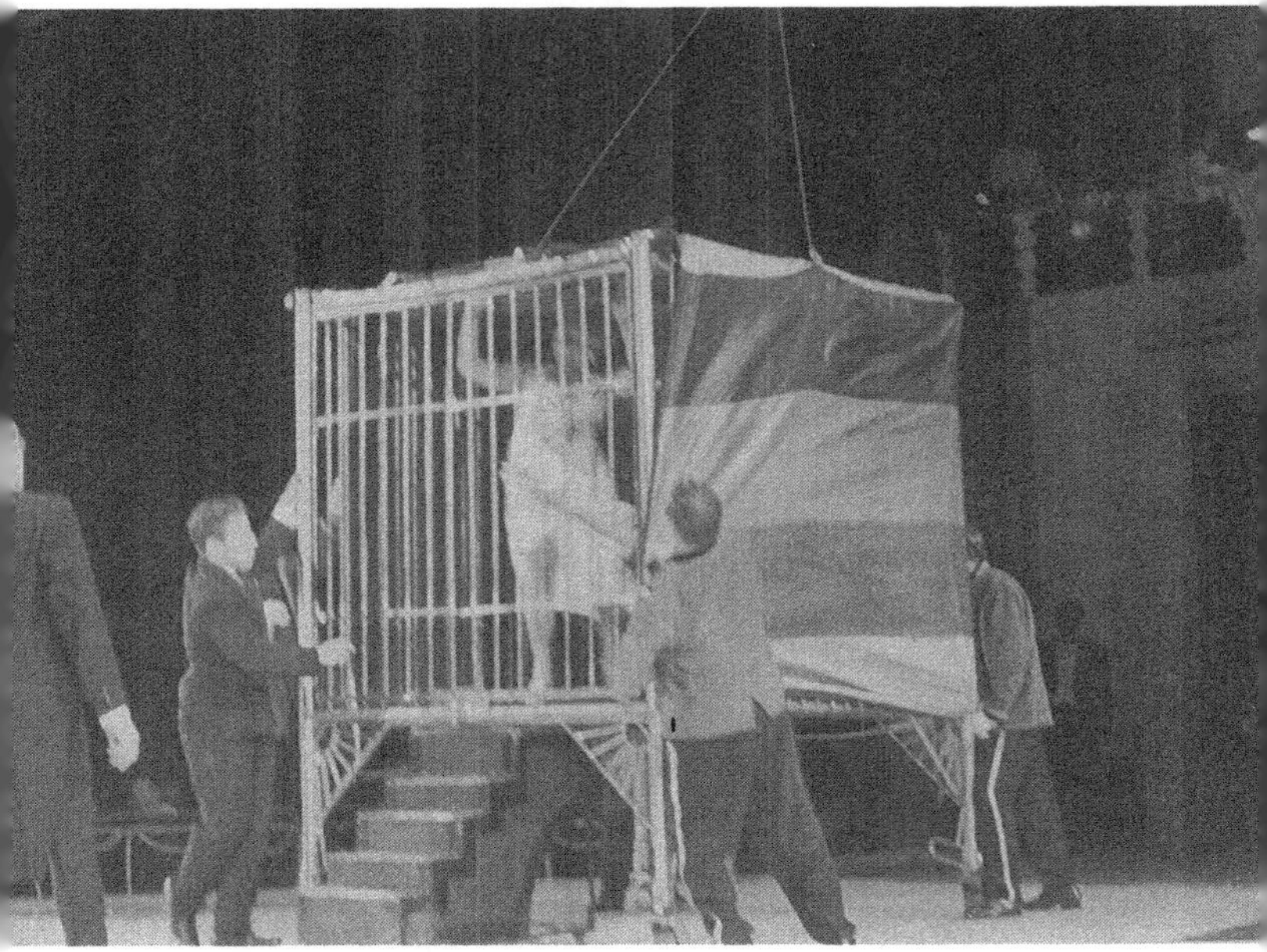

ファンタジー昔と今

現今では、テレビや劇画を通して子供たちの空想や冒険心を駆りたてる素材には事欠かないようである。さまざまなタイプの怪獣たち、それを退治する超人や原子兵器、空飛ぶ円盤や宇宙パトロール、放射能による動物の突然変異や、太古の爬虫類など、次から次へと登場してくる。

昭和の初期の頃は……映画と雑誌が子供たちへの知識供給の主な媒体であったが、空想ものもかなり見受けられた。いつの世でも子供とは空想、あるいは現実からかけ離れた世界を好むものである……ということであろうが、現在での幅広い想像の世界にくらべると、昔はバラエティーに乏しく、登場する動物や科学機械も、大分限られていたようである。

今では戦争といえば地球対他の星人だが、往年のそれは日○（日本と○国の意味）もし戦わばであり、宇宙船はなかったが、空飛ぶ軍艦が考えられ、ゴジラを始めあまたの怪獣に相当するものとしてはキング・コングが現れ、ウルトラマン、スーパーマンに該当するものとしては、黄金バットなどが活躍した。

このように、現在とくらべたらいささかもの足りなくはあるが、昔の子供たちの空想の世界の中で、最も興味をとらえたものの一つに忍術がある。猿飛佐助、児雷也などがその主役であるが、巻物をくわえて左手の人差指を右手で握り、さらに右手の人差指を立てて何やら呪文をとなえると足下から煙がたち昇り姿が消える——児雷也なら蝦蟇《がま》になる——姿は、なかなかカッコよかった。このごろの忍者は甲賀流、伊賀流などが出てきて、手裏剣、縄梯子、水ぐもなどを扱い、いささか科学的になってきたが、当時の忍術といえば、ほとんどが自分の姿を消す……ということに限られていたようである。

自分の家の土蔵の中から古い巻物を探しだした子供が、これこそ忍術の道具だと思い込み、口にくわえて十字を切って二階の窓から飛びだした……その結果、足の骨を折ってしまった……などということが新聞に載ったこともあった。とにかく、ドロンドロンと姿が消えることは、子供たちにとって大きな夢であった。

忍術について

忍術とは、実際には相手の目をくらますことであるが、ここでは往年の映画のとおりに、自分の姿を消してしまう……ということについて考えてみよう。つまり透明人間になるのである。かりに透明人間になることが可能だとしてみると、次のように二つのケースが考えられる。

①人間の身体は透明になるが、あくまで光学的な意味で透明になるだけであり、実体は人間としての活動をする。だから一メートルしか飛び上れなかった者は、透明人間になったからといって、急に高い塀を乗り越えるなどという芸当はできない。

②忍術を使ったとたんに、姿も見えなくなるが行動も超人的（超物質的？）になる。襖《ふすま》をあけ

ることなく自由にす通りすることができ、刀で斬りつけても、空を斬るばかりである。

読者の多くは子供時代に「もしも忍術使えたら」とか「かりに自分の姿を消すことが可能なら」など、空想されたことではなかろうか。筆者も……大いに考えたものである。さらに、そんなことになったら、①のようになるのか、②のケースでいくのか……などと、暇にまかせて、勝手な想像に時間をつぶしたものである。

どうせできっこない話だから、①でも②でも好きな方になったつもりでいればいいようなものの、子供心にも科学があるのか、②の場合があまりにナンセンスであるのにくらべて、①はかなり現実性がありそうな気がした。物語にでてくる透明人間は①が多く、喜劇映画の忍術使いは②になるようである。

透明人間

とすると、自分が一人でこっそりと透明人間になる薬を発明したとするなら、①の場合になるだろう。この種の透明人間も、昔から映画や紙芝居に登場している。身体が透明だから、ふつうのときには手袋をはめ、顔いちめんに包帯を巻いている。包帯をとり、服をぬぐと、そのあとには何も見えない（②の場合では、忍術とともに衣服ごと消えてしまう）。

ＳＦ作家として有名なＨ・Ｇ・ウェルズの『透明人間』では、このへんのところをかなり科学的に説明している。それによると、人間の骨も肉も、爪も毛髪も神経も、ほとんどが透明物質であり、実際に色のついているのは血液の赤と髪の黒との色素ぐらいなものだというのである。

それなのに身体がすき通って見えないのは、むしろ光に対する屈折率の違いが大きく効いている……と述べている。屈折率の違った二つの物質の境界面（たとえば空気とガラスとか、ガラスと水とか）では光は反射されやすく、また浸透していく光もそこで折れ曲がる。こんな境界面が幾重にもあるため……結局われわれはそこに物質があると判断する。人体は（人体にかぎらず、動物のからだは一般に）光を吸収するよりも、むしろ屈折、散乱する。だからそれをなくすようにすればいい……ということらしい。一枚の板ガラスは（氷でも同じことだが）透明だが、細かく砕けば白い粉のようになる。だからといって、ガラスの透明としての性質が失われたわけではない。粉末状になったために、空気との境界面がやたらと増え、そのため光が乱反射するのである。

これを透明にするためには境界面を減らせばいい。すりガラスの凹凸のある面にセロハンテープを貼ると透明になってしまうのと同じ理屈である。また、紙の分子の間を油が埋めてしまうと、紙が透明になってくるのも、同じ事情である。さらに色素は、化学的処理で抜いてしまう……。

どんな方法で透明にするかは、さすがのウェルズも述べていないが、とにかくこんなふうに説明されると、透明人間もあながち不可能ではないような気がする。

もっとも寺田寅彦はその随筆で、かりに完全な透明人間ができあがったとしても、透明人間自身が他のものを見ることができなくなってしまうことを指摘している。ものを見るためには、どうしても眼球のいちばん前にある水晶体というレンズで視神経に光を集めなければならない。光を自分の眼球の中で屈折してやるからこそ、外界が見えるのである。光が屈折すれば（たとえ透明体でも）、他人に気づかれる。つまり寅彦はこちらからあちらが見えるときには、必ずあちらからこちらも見えなければならないことを強調しているのである。

この点は、透明人間を理論的に創造するうえで、最も具合の悪いところだろう。ただ透明人間になるときには、訓練か薬品かで、思いきり視神経を発達させる。そうして、非常にわずかの光でも、ものが見られるようにする。屈折する光を最小限におさえ、よほど注意しないと、眼球による光の屈折には気がづかない……というふうにしてやることは可能であろう。光の相互性といっても、証人が容疑者をのぞく半透明の鏡や、窓際のすだれなどは、容疑者や屋外は見えても、逆にのぞかれることはない。AからBへ光が進めば、必ずBからAへも光は走るが、そこは量で加減してやるのである。容疑者や屋外は明るいが、反対側が暗いから、結果としては一方通行のようになる。

透明人間も、この意味では完全とはいえないが、まあまあ筋の通らない話ではない。そこで自分も透明人間になったら……と空想はふくらんでいく。

とにかく①のケースで考えた透明人間は、②のような忍術使いではないから、だいぶんリアルである。自分の姿は見えないのだから、憎いやつの頭をポカリとやることも可能である。棒を振り上げれば、棒だけが宙に浮く形になる。そのため、いつでもすぐに棒を放りだす準備は必要であろうが……。

身体が透明だからといって、実体はちゃんと存在する。だから音をたてないようにしなければなるまい。鶯《うぐいす》張《ば》りの廊下など最も危い。また砂地、雪の広場なども禁物だし、ペンキ、エナメル類はさけなければならない。その他車道を横切るときなど、よほどの注意が必要である。また鍵のかかる部屋などに、うっかり閉じ込められないようにしなければならない。

さまざまな危険はあるが、自分がもし透明人間になったら……ということは、誰しもが一度は考えてみた経験があるのではなかろうか。もし消えることができたら何をしてやろう……ということになると、それから先はろくなことは考えないのがふつうである。自分だけが姿を消す術(あるいは魔薬)を持っているという秘密を最大限に利用して、国家、社会のために大いにつくそう……と想像するほど、人間は高尚(?)ではないようである。空想の世界にまでかたい話を持ち込んでいては、人間リラックスする暇がない。

透明人間——大変結構だが、一生涯そのままでいろというのなら……筆者ならことわるつもり

憎いやつの頭をポカリ

である。社会生活の埒外《らちがい》に出て、一生を孤独で終えるなど、とても耐えられるものではない。

透明人間についてながながと述べてきたが、①の場合と②のケースとを、科学的な立場で比較してみたかったからである。忍術なんかどうせつくりごとだといってしまえばそれまでであるが、しいて考えてみれば、②よりも①の方が遥かに科学的である……という気がする。

しかしここで、「科学的」とはどういうことか……ということになると、いささか話が面倒になる。②の方がナンセンスであり、①の方が感覚的にピッタリくる……という感じがするが、さてそれ以上の説明を、といわれると戸惑わざるをえない。①のような透明人間をつくるためには、境界面の減少、色素の脱色……などさまざまな苦労が必要であるが、むしろ②の場合の方が、説明は簡単である。

不確定性原理がもっと強く効くならば、すなわちプランク定数hがうんと大きければ……②のような事態は起こり得る。人間が衝立てを通してすいすいと向こう側へ抜けるというようなことは、ミクロの世界では日常茶飯事なのである。不確定性原理を個々の粒子に対してでなく、粒子の寄り集まった物質の中へもってくるとどういうことになるか、その一例として読んでいただきたいわけである。

埋没する不確定性

図のように左側から運動エネルギー$K = mv^2/2$で玉が走ってきた。摩擦は全くないものとし、床は充分になめらかだと考えよう。もし玉がそのまますべり台の頂上にまで上がってしまえば、そのときの玉のもつ位置エネルギーは$E = mgh$となる。

実際に玉が走ってきたいきおいにまかせて、すべり台を逆に昇りきることができるかどうかは、KがEよりも大きいかどうかによる。力学の（あるいはエネルギーの）最も初歩の問題である。KがEよりも大きければ、玉は確実に頂上まで昇ってしまうし、Eよりも小さければ必ずすべり台の途中からバックしてしまう。

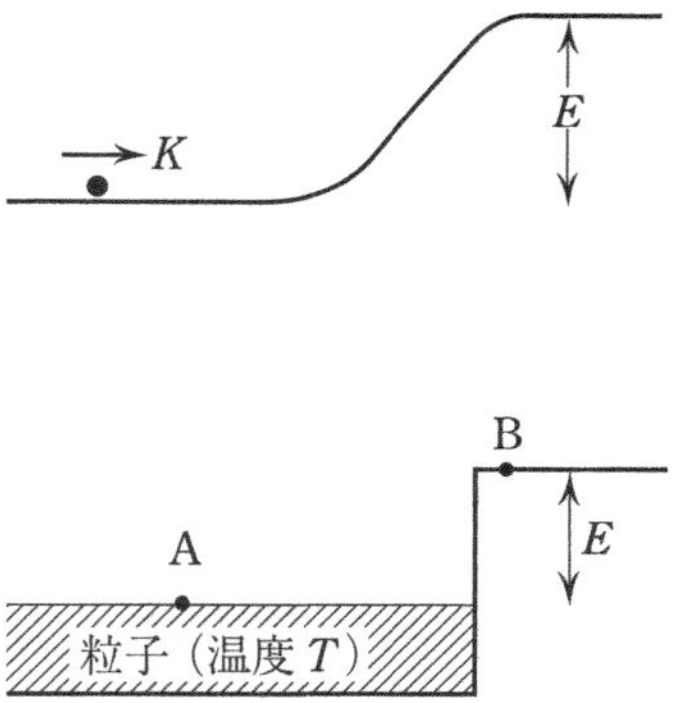

図15　脱出エネルギー。上の玉の場合には，Eはすべり台の高さによってきまるが，下のミクロの粒子の場合ではEは粒子を拘束するエネルギーである

ところが、この玉が非常に小さな粒子——たとえば分子とか電子の場合には事情はどう変わるであろうか。液体状をなす分子とか、金属の中を自由に動いている電子などを考えてみよう。

金属中の電子では第三章で説明

した仕事関数（身柄を拘束された遊女の、前借金のようなもの、ただし第三章ではWとした）がEに当たり、液体分子では、他の分子の引力をふりきって蒸発するのに必要なエネルギーがEである。なお、粒子の空間的な位置が高いか低いかによるエネルギーは、この際問題にならないほど小さい。図から考えると、いかにも水面の分子が、たらいのふちまでの高さに相当するエネルギーを貰えば坂を越えるような気がするが、そういうことを描いたのではなく、図でたらいのふちの高さEに相当するものは、分子間引力であることをはっきりさせておいていただきたい。

　これまでも、ミクロな粒子についてしきりにわからないを連発してきた。しかし粒子が何百億も何兆も、ともかく天文学的数字だけ寄り集まったときの集合状態（液体や金属）については明確にわかっていることが一つある。（絶対）温度Tがそれである。

　液体や金属の中では、天文学的な数の粒子がいろいろな速度（したがって運動エネルギー）で飛びまわっている。そしてどれだけの運動エネルギーの粒子が全体の何割、またこれだけの運動エネルギーの粒子は何割……ということは、実は個々の粒子の不確定性にもかかわらず、確定しているのである。天文学的な数の粒子を平均したがために、個々の不確定性がならされてしまったといってもいいだろう。したがって温度――運動エネルギーの平均値――はピタリと決めることができる。

　ミクロの世界の不確定性がマクロな現象では埋没する……この事情は次のように考えるとわか

りやすいかもしれない。

不確定性原理によれば、ある時刻における粒子の運動エネルギーは不確定である。しかし一つの粒子が速く走る確率、遅く飛ぶ確率……はすべてわかっている。速いか遅いかどちらなのかと聞かれても答えられないが、どのくらいの割合で速いか……ならちゃんと解答できる。とすると、粒子の個数が非常に多ければ、何個が速く何個が遅い……ということが決定的事実としてクローズアップされる。粒子は入り乱れて飛んでおり、衝突をくりかえすから、エネルギーはさかんにやりとりされてその行方については見当もつかない。しかし、マクロな立場で一括して眺めてみると個々の粒子については全くわからないが、全体としての傾向ははっきりするのである。運動エネルギーについての全体の傾向……われわれはこれを温度として感覚する。こうして、温度を決めるときには不確定という概念は埋もれてしまうと考えられる。

物体は温めれば膨張し、針金の両端に電圧をかければ電気が流れ、低気圧が発生すればその周囲では必ず嵐になる。これらは自然界の物理法則として、因果律に支配されていると考えていい。粒子の数の多さが、不確定性原理をその中に埋没させているからである。

確率をどう解釈するか

さて、粒子が先の図15のA点にあることはそれが体系内にあることであり（分子なら液体状、電子なら金属の中）、B点にくればその体系から脱出したことを意味する（液体なら蒸発、電子なら熱電放出）。また、体系の温度Tが大きいほど、さらに脱出に必要な障壁Eが小さいほど、粒子の脱出の確率は大きくなるが、確率の値はTとEとがわかっていれば、ぴたりと決まる。このことには疑問はない。

問題となるのは、その「確率」をどういうふうに解釈するかである。かりに確率が一〇分の一と計算できたとしよう。そうして体系の中には一〇〇〇個の粒子があるものとする（実際には粒子の数はとほうもなく多いが、ことを簡単にするために一〇〇〇個としてみたのである）。ここで確率の考え方として次の二つの態度が許される（結果は同じだが）。

①一〇〇〇個の粒子のうち、一〇分の一の一〇〇個がB点に昇る。

②一つの粒子に目をつけると、一〇分の一は体系外にあり、一〇分の九は体系内にある。

①は普通の確率的解釈であり、粒子を玉として扱っている。つまり体系外で粒子の存在を測定してやれば、そこに一〇〇個の粒子がみつかるということをいっている。

しかし量子論というのは、元来が②のような解釈をするものである。量子論でいう粒子は玉突きの玉とは全く異質のものであって、レンズいっぱいにワアーと拡がったり、金属の内と外とにかけてモアーと存在したりすることも許されている。

ただ内側と外側とは居心地が大分違う。内側は気楽だけれども、外部はしんどい（高さEの山に登らなければならないから）。したがって、一つの電子は九割を内に、一割を外にして寝そべっているのである。

外に出た粒子が、その付近で寝そべっていてくれるならいい。ところが温度が上がって金属面から電子がどんどん遠方に走っていってしまったらどうなるのか（これを熱電効果とかエジソン効果とかいう）。蒸発した水蒸気は空中高く昇るだろう。それでもなおかつ、一つの分子の九割が海中に、一割が空高く……というような妙な解釈をするのか？

量子力学を突きつめていくと、どうしてもこの問題に突き当たる。そうしてこのパラドックスを極限まで押していくとシュレーディンガーの猫という問題になってしまう。しかしこの話はめんどうだから次の章にまわし、ともかく粒子はある確率で障壁をよじ昇る……という現象を調べていくことにしよう。

トンネル効果

図16のように、ある高さの障壁があり、その左側にはたくさんの粒子があるとする。障壁を通り越して右側へはなかなかいきにくい。だが、絶対に不可能なわけではない。ある確率で、粒子は障壁を通り越して（乗りこえるのではない）右側へも行くのである。これは、位置とかエネルギーに対して不確定性を認めた量子論であるがゆえの結論であり、古典物理では許されない。

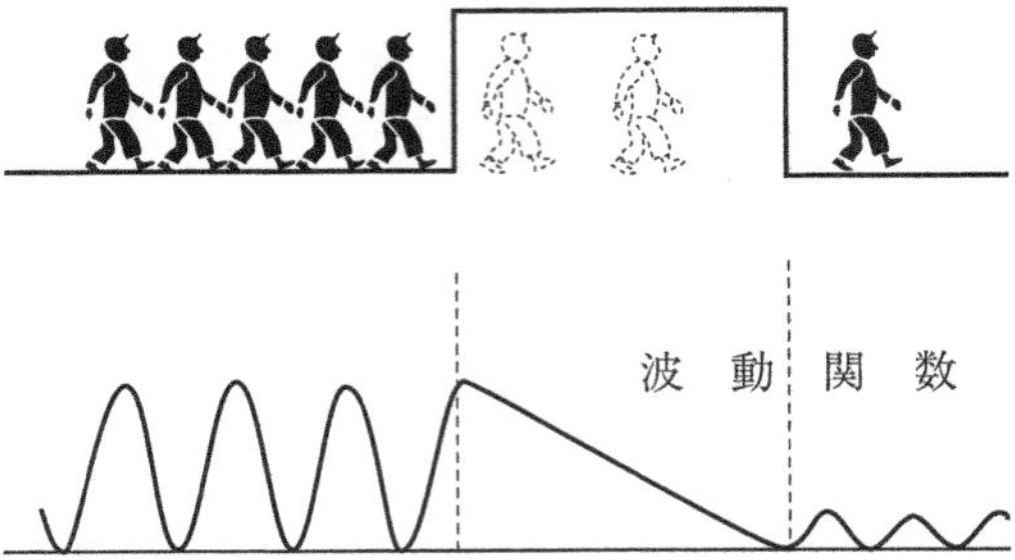

図16　トンネル効果

一定数の粒子が右側に行く……という、先の①を描くと図16の上側のグラフになる。一つの粒子が左に多く右に少なく……つまり②を描くと下側になる。この場合は波のかたちでしか描くことができない。左側は大波、右側は小波で、これがつまりは一つの粒子(量子)の振る舞いなのである(粒子がこの線にそって動くわけではない)。第四章で波動関数ψ(プサイ)を紹介したが、ψはまさにこの波を表す。

このように左側の粒子が障壁を通り越して右側へやってくる現象はトンネル効果と呼ばれる。高い山があるにもかかわらず、ミクロな粒子はそれをす通りしてこぼれていく。

以上は障壁の右側が再び低くなっている例であるが、金属の場合などは、その端で障壁が高くなっており、そのさきどこまでいっても再び低くなることはない。このときには電子のうちのわずかの部分だけ崖の上に上がっているのである。このはみだしたぶんだけ、図17で見るように境界面の内側では電子が不足していることになる。だから金属の表面では、非常にわずかではあるが、境界面より外側（つまり空気のある方）はマイナスの電気が存在し（電子が多少こぼれているから）、境界面より内側（金属の内部の側）ではプラスの電気があることになる（金属の内部では、電子とイオンとの電気量はお互いに消し合っているが、表面付近ではプラスイオンの電気量がまさっているから）。

このように電子の位置の不確定さから、金属の表面では電気双極子（プラスの電気とマイナスの電気が分離する現象）が存在することになるが、このことは実験的に確かめられていることである。

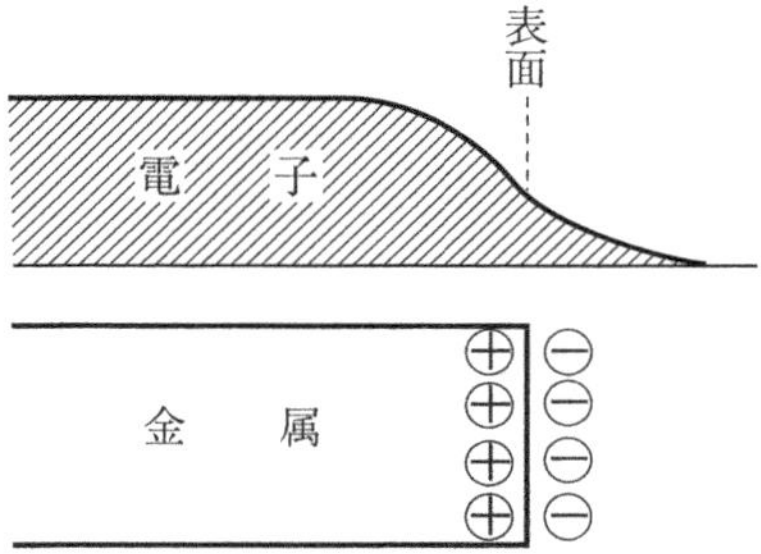

図17　金属表面の電気双極子

塀の中の人間

忍術使いのように、人間が塀をす通りすることは、絶対に不可能というわけではない。ただ、非常に非常に小さな確率でしか起こり得ないのである。

かりに高さ一〇メートルの塀が広場のまわりをずらりと取り囲んでいるとしよう。高飛び能力の全くない人が内側から塀にぶつかる。もちろんはね返されて尻もちでもつくのが関の山である。

ところが量子論的に計算してみるとどうなるか。この人の体重をかりに六〇キロ、あたりはふつうの温度であるとする。このとき人間が塀をすらりと抜けてしまう確率は一を100……00で割ったものになる。ここに並ぶゼロの数はほぼ10^{24}個（ただの24個ではない）ぐらいになる。一センチの幅の中にゼロを三つ書き並べるとすると、ゼロの行列は数十万光年（肉眼で見えるか見えない程度の星までの距離）ぐらい長いものになるのである。これだけの回数を塀にぶつかったら、あるいはするりと通り抜けられるかも……というのが、トンネル効果から導き出される結論である。

トンネル・ダイオード

トンネル効果はエレクトロニクスの発展などとともに、さまざまな現象の中に観測されまた応用されるようになったが、直接トンネルの名をつけられたものにトンネル・ダイオードというものがある。

ゲルマニウムやシリコンは金属のようには電気をよく通さないが、といって絶縁体のようにまるっきり電流が流れないわけではない。だからこれらを半導体といい、トランジスターの材料として使用する。

あるいは通り抜けられるかも……

半導体を流れる電流は、その中の不純物に左右されるところが大きいから、でき得る限りの純粋な物質をつくろうと、多くの人たちが努力した。ところがわが国の江崎玲於奈氏は、いっそのこと不純物を多くしたらどんなふうになるか……と逆に考えてみた。すると不思議な現象――電気抵抗がマイナスになるという、予想もしなかったことが起こったのである。

電圧を上げていけば、それに比例して電流が大きくなる。このときの比例定数が電気抵抗である。ところが不純物の多いn型半導体(電子のあまっている半導体)と、やはり不純物の多いp型半導体(電子の不足している――電子が、あるべき所にないのだから、これを正孔という――半導体)とを接触させ、これ

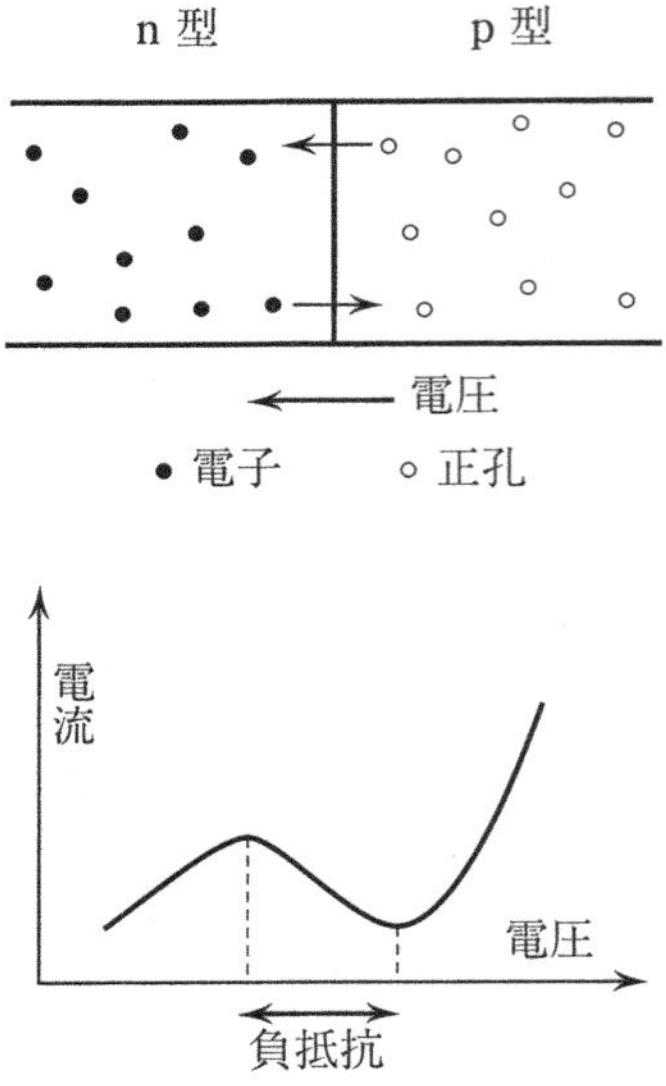

図18　トンネル・ダイオード
負抵抗の範囲では電圧にさからって電子が移動するので電流が逆流し高速スイッチとなる

に電圧をかけてやると、初めは電流が増すが、右の図のように電圧のある領域で電流はかえって減るのである。これが負抵抗である。

この部分でなぜ電流が減るかは、固体の中の電子の行動を正しく計算しなければならないが、とにかく電子や正孔が二つの半導体の境界を通るときには、そこに薄い障壁が存在することになる。この障壁のために、ふつうに考えたら電子も正孔も隣の半導体に移ることはできないはずであるが、そこはトンネル効果により移動していく――つまり電流は流れる、と考えられる。一九五八年に江崎氏が発表したもので、別名エサキ・ダイオードとよばれる。

電気の担《にな》い手（電子と正孔）の数が多いために、トランジスターとしての動作が速く、広い温度範囲で使用することが可能であり、低電圧で作動できるので消費電力が少なくてすみ、さらにふつうのp－n接合体よりも、表面状態による劣化や雑音が少ないなどの利点が喜ばれた。

のちになって、電流を長時間流すとトンネル・ダイオードも劣化することがわかり、技術的には壁にぶつかった感じであるが、基礎的な理論としては、極めて興味のもたれる現象である。

粒子は壁を突き抜けて

ある種の金属や合金を非常に低温にすると（絶対温度で数度くらい）、電気抵抗が全く消えてしまうという現象が見られる。このような物質を超伝導体という。さて二つの超伝導金属で絶縁体薄膜をはさんで電圧をかけてやると、トンネル・ダイオードと同じような現象が起こる。たとえば（アルミニウム）—（酸化アルミニウム）—（鉛）と三層のサンドイッチ型にし、中央の酸化アルミの厚さを一五〜二〇オングストローム（一センチの一億分の一五ないし二〇、原子の大きさの数倍程度）にすると、数ボルトの電圧のとき、負の抵抗が見られる。原理はトンネル・ダイオードと同じで、電子は真ん中の絶縁体（酸化アルミ）をトンネル効果で通り抜けていくのである。このようなスイッチ素子をトンネルトロンとよぶ。

トンネル効果を起こすのは、電子だけではない。たとえばウラニウム二三八はアルファ崩壊してウラニウムX_1という物質にかわる。アルファ崩壊とは、陽子二つ中性子二つ計四つのグループが原子核から飛び出していく現象である。核子は互いに強く結びついている。いいかえれば四人のグループ（この四人は非常に団結力が強い）が核という収容所から脱走しようとしても、まわりに核力という高い壁がめぐらされているのである。

ところがトンネル効果により四人は揃って壁をす通りしていく。ただしこの場合には壁が高いため、全部の原子核のうちの半分が脱出するのに、一〇億年以上もかかる。キュリー夫人で名高いラジウムからもこの四人組が脱出するが、このときには半分が逃亡し終わるまでの時間は一六九〇年ほどである。

ゼロも数のうち

温度が高いとは、分子や原子が速く走っていることであり、低温度になれば速度はにぶる。そうしてすべての原子が静止した状態が絶対零度である。

それでは、絶対零度では原子は全く運動エネルギーを持っていないか？　運動エネルギーとは、速さの二乗に質量をかけて二で割ったものであるから、$T = 0°K$では当然速度、つまり運動エネルギーがゼロでなければならないはずである。

ところが……実際にはそうなってはいない。すぐあとで述べる液体ヘリウムを除いて、すべての物質は絶対零度では固体になっているが、絶対零度でもなにがしかの速度、したがって運動エネルギーを所有しているのである。

固体中の原子は、自分のまわりに並んでいる他の原子のために、かなり強く拘束されている。数オングストロームの範囲でしか動けない。ということは、原子の位置がかなり確定しているということである。とすると、不確定性原理によって、運動量の方が不確定にならざるを得ない。

原子の振動速度が（運動量でも運動エネルギーでもどちらで考えてもいいが）ゼロであるということは、速度をピタリと決めたことである。三も六も二・八も決まった数であるが、これと全く同じようにゼロも決まった数の一つである。不確定性原理によれば、運動量が決まった値になることは（少なくとも、位置の方がかなり確定しているときには）できなかった。

不確定性原理は、熱い場所だろうが、つめたい物質だろうが、そんなことにはおかまいなしに成立するのである。こうして、振動している原子はたとえ絶対零度でも一つの方向に対して、不確定性原理により$h\nu/2$だけのエネルギーを常に所有していることが明らかにされた。νは原子の振動数である。

実際には原子は立体的に（つまり三次元的に）振動しているから、温度が高くても低くても原子一個あたり$3h\nu/2$だけのよぶんなエネルギーを持っていることになる。これを零点エネルギーという。

ただし温度のゼロというのは（技術的には到達不可能であっても）正しく定義することができる。温度とはたくさんの原子の運動の総合的な結果だからである。一つの原子にだけ注目したとき、位置と運動量とが不確定の関係になるのである。

ヘリウムは零度でなぜこおらない？

物質というものは、高温なら気体、低温なら固体であり、その中間では液体になっているのがふつうである。氷、水、水蒸気の例を考えてみればよくわかる。

ところがヘリウムガスはだんだん冷していくと、絶対四・二度で液体になるが、そのあといくら温度を下げても固体にならない。もっとも絶対二・一八度より低温では超流動状態といって、容器の中の液体ヘリウムが器壁をよじ昇ってひとりでに外へこぼれていく……というような不思議な性格を示すが、それはともかくとして最後の最後まで固体にならない唯一の物質である。

なぜ固体にならないかは、不確定性原理から、おおまかに説明することができる。

固体を構成している原子は、周囲の原子のために、隣へ、さらにその隣へと移動していこうとしても（簡単に移動できれば、その物質は固体でなく液体である）、隣の原子からの引力という障壁のために越すことができない。したがってやむを得ず、垣根の中だけで振動している……つまり結晶をつくっているわけである。

ところがヘリウム原子は相互作用が非常に小さい……いいかえると垣根が非常に低いのである。ただしこれだけでは、絶対零度で液体になっている理由にはならない。

ヘリウム原子は非常に軽い。軽いものほど観測の影響を受けやすく、不確定性原理は顕著に効いてくる。ヘリウムでは零点エネルギーが垣根よりも高いのである。だから配列して結晶をつくろうとしても、零点エネルギーが拘束力よりも大きく、原子はあっちこっちと動いてしまう……つまり液体になっている。

もっとわかりやすくいえば、ヘリウム原子は質量が小さいため、位置の不確定さが大きく、一ヵ所に踏みとどまっていられない、と述べても、一応の説明にはなろう。

しかし水素分子H_2はヘリウムより軽い。それなのになぜ水素の方は固体になるのか。

水素は二原子分子であるため、回転というようなメカニズムも考慮しなければならず、さらに分子どうしの結びつきもヘリウムより強い。このため、水素は最も低温で固体になる物質の一つではあるが、ヘリウムのように絶対零度まで液体のままでいるわけにはいかない（凝固点は絶対一四度）。

すべてのものがシーンと静まっている死の世界——それが絶対零度の世界である、と考えたのは古典物理であった。不確定性原理はその世界のイメージを全く改めてしまったともいえるのである。

第六章　シュレーディンガーの猫

見知らぬひと

小学校でも中学でも高校でも、クラスの同僚の性格は、一年もつき合っていればおおよそのところはわかるものである。

算数に強い者、国語の得意な生徒、スポーツのチャンピオン、気の小さい者、慎重家、ほらふき、なまけ者、いたずら好き……まさに十人十色である。千差万別ではあるが、一年間も共同生活をしていれば、誰がどんな性格か、彼はこんな性質だ……ということは、まずははっきりする。

そのクラスに太郎という転校生が入ってきたとしよう。誰も太郎の人柄については知らない。最初の二〜三日は、どうしてもうさんくさい目で見ているだけ、ということになりがちである。

さて、この太郎の性格を書き表すには、どうしたらいいだろうか。どうにもこうにもわからないのだから、書きようがない……といっていたのでは話は進展しない。とにかく人間の性質は、正直とか努力家とか、短気とか陽気とか、そのほかなんでも言葉で（正確にいえば概念で）表現できるものである。そこで未知の太郎に対しては、こうしたさまざまな性質をなんでもかんでもすべて所有している可能性がある……というふうにしてやったらどうだろう。

一見して矛盾するようだが、太郎の勇気を試してみるまえには、太郎は勇者であると同時に卑怯者である……としてやるわけである。正直という要素も持っていれば、嘘つきという面も所有している……というふうに話を組み立ててやる。

実際に、人間に対してこのような表現法をすることがまっとうかどうかは大いに疑わしいが、人間でなしに原子や電子の話では、このようなやり方でものの状態をいい表すのが、むしろ当を得ているのである。物理的対象は、測定する以前においては、いろいろな可能性をすべて合わせ持っている……としてやらなければならない。

たとえば目の前にある電子は、その小磁石が（これをスピンという）、上向きと下向きとの両方の性質を持っている……というように記述してやる。走ってきた光が、衝立てにあけられた二つの穴AとBとを、その双方ともに通ったように書きしるしてやる。A、B、C……などが、互いに矛盾する（あるいは両立しない）ような事柄であっても、状態というものは、

$$\psi = c_1\psi_1 + c_2\psi_2 + c_3\psi_3 + \cdots\cdots$$

のように書いてやる。ψ_1とは、スピンが確実に上向きとか、光は確かに穴Aを通った……とかの、確実な状態のことであり、このような確実な事柄に適当な係数c_1、c_2などをかけて加えたものψを、測定する以前の状態と考えるのである。このような数学的な方法が、ミクロの世界の様子を表すのに、最もうまい方法であるとされており、この考え方が量子力学の基礎となっている。

測定とはなにか

転校してきた太郎は、ある日クラスのあばれん坊として自他ともに許しているわるを、ぐうの音もいわさないようにこらしめた。この瞬間に、太郎の性格のうちの c_1×(勇気)＋c_2×(臆病)で、c_1は1に、c_2はゼロになるのである。このように「調べてみる」、「測定する」ということは、数学的にさまざまな性質のものを加え合わせた式のうち、特定の項だけをクローズアップさせ、他の項をゼロにしてしまうことである。測定という操作を対象物に施したからこそ、これまで多様的な性質で表されていたものが、特定な項にまとめられる。カメラを向けるという操作が、相手の心理を乱して畏縮させるのと同じように考えればいい。

先には、ψはψ_1とかψ_2とかいうように一つ一つの特定の状態のたし算のように表したが、たとえば粒子の位置などを表現するには、$x=1,\ 1.1,\ 1.2$……(オングストローム)などの場所ばかりでなく、1.1と1.2との中間とか、さらにその中間とかいうように、不確定性原理の範囲内にあるあらゆるxの場所に存在することになる(あらゆる場所でつかまる可能性がある、という方がわかりやすいかもしれない)。こんなときにはたし算の形に書くよりも、

$$\psi = \psi(x)$$

というぐあいに関数の形にする方がいい。xの値が、たとえば一オングストロームで$\psi(x)$は

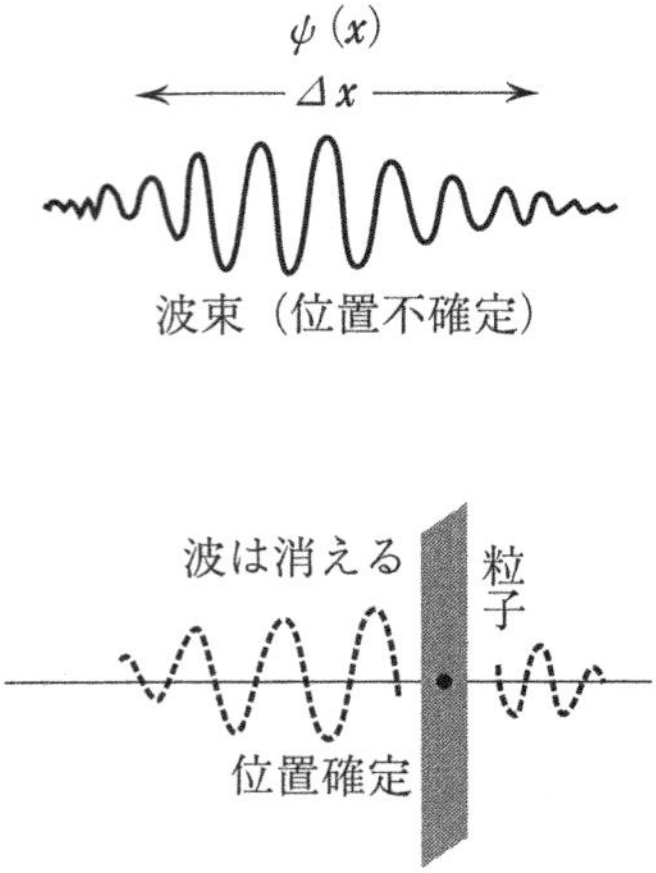

図19　粒子の位置の測定

大きいとすれば、そこには、粒子は大きな確率で存在するのである。また一・二オングストロームで $\psi(x)$ が小さいなら、その場所には粒子は小さな確率でしか存在しない。

ところが金属板かなにかで粒子の場所を調べてやったとする。$x = 1.1$（オングストローム）の場所で粒子が見つかったとすれば、その瞬間に $\psi(x)$ は、$x = 1.1$ 以外の値では消えてしまう。粒子を雲のように考えた場合、観測する以前には Δx の範囲に広がっていたものが、位置を調べた瞬間に雲は一点に集中することになる。これを波束の収縮という。

文句をつけたアインシュタイン

波束の収縮の速さは光速度よりも大きい。このこと自体には矛盾はない……と一般には考えられている。世の中に光速度よりも速いものは存在し得ないが、これはあくまでエネルギーの伝達を意味するのであり、波束の収縮はこのこととは本質的に違うとされているからである。

波束の収縮はともかくとして、相対論で有名なアインシュタインはボーアの提唱した量子論的な思想に、最後まで賛意を表さなかった。このことは科学史のうえでも、よく知られている事柄である。

ボーアによればものの状態は――その位置にしろ、運動量にしろ、あるいはエネルギーにしても、単に確率的に決定できるだけであって、それ以上のなにものでもない。ところがアインシュタインは、確率的実在を物理学の根本法則とは認めなかったのである。彼は、自然現象の完全な記述は可能なのであり、ただ確率的にだけ断定（？）できる……などというあいまいな思想を排撃し、究極的には決定論的な意味で――つまり正確な因果律のもとに記述することが可能であると信じた。

ボーアあるいはマックス・ボルン、さらにはパウリなど、量子論の誕生期には共同して物理学の改革を行った人たちも、やがてアインシュタインの論敵となるのである。アインシュタインによれば、量子論とは不確定性関係が許してくれる範囲でだけ有効なものであり、真の物理法則とは時間空間の枠の中で完全に決定されなければならない事柄なのである。

量子論自体の方法は認め、物質の、粒子および波動の二重性を記述するには量子力学は最も当を得た記述形式であることは充分に承認しているのであるが、記述形式はあくまで手段にすぎず、それを基礎概念にすりかえることはまかりならぬと主張したのである。

ボーアを首班とするコペンハーゲン学派が、これまで述べてきたように、確率的表現こそが自然の真の姿である……としているのに対し、アインシュタインは、真実の追究の一過程として確率的表現もやむをえない、との立場をとっている。

ボーアたちを批判して、

「神様はサイコロ遊びをしない。自然は確率のような蓋然性《がいぜんせい》で糊塗《こと》されない、もっと完璧な方法で語られなければならない。ただ、人間の認識が完全性を把握するまでに至っていない今日では、有効な方法として確率あるいは統計的な方法は充分に活用されなければならない」

と主張している。

一九一〇年代までの研究を前期量子力学といい、この頃までは、意見の不一致はあまり見られなかった。

ところが一九二〇年代になって数学的方法が開発され、ハイゼンベルクのマトリックス力学、シュレーディンガーの波動力学、ヨルダン、ディラックらによる変換理論、さらには不確定性原理が世に出ることになるが、アインシュタインとボーアの論争は、ちょうどこの年に開かれたソルヴェイ会議の席上で幕がきって落とされた。爾来《じらい》両者の意見の食い違いは、最後まで尾を引き、

神様はサイコロ遊びがお嫌いか？

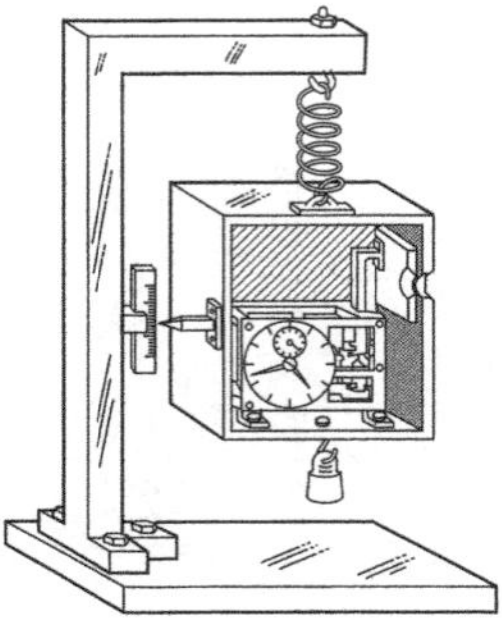

図20　アインシュタインの思考実験

ボーアもアインシュタインもすでに故人になってしまった今日でも、問題の本質には未解決の部分があるといってよいであろう。

アインシュタインの思考実験

自然現象を支配するものは、確率などというあいまいなものではなく、その根底には必然的な因果関係が存在する、とするアインシュタインは、これまで述べてきたボーアらの考え方と本質的に食い違っているわけであるが、両者の衝突は一九三〇年、ブリュッセルで開かれた第六回目のソルヴェイ会議で最高潮に達した。

このときアインシュタインは、図20のような装置を提案し、これによって不確定性関係$\Delta E \cdot \Delta t = h$の矛盾を指摘しようとした。

まず箱の重さを測る。充分に時間をかけてやりさえすれば箱の持っているエネルギーをすきなだけ正確に測定することが可能である（質量mとエネルギーEとは$E=mc^2$のように比例関係があるから）。

次に箱の窓のところにあるシャッターを瞬間的にあけて、箱の中の光のエネルギーをわずかに放出する。箱の中のエネルギーは減るわけであるが、どれくらい減ったかはシャッターを閉じたのち、充分時間をかけて箱の目方を測れば、これまたいくらでも正確に知ることができる。

つまり、窓を通して放出されたエネルギーは望みのままの精度で知ることが可能である（つまり$\Delta E=0$）。また一方、シャッターを開く時間は、いくらでも小さくすることができる（つまり$\Delta t=0$）。この二つの事実は、不確定性原理に反している。いいかえれば、このような思考実験によって、不確定性原理は否定されなければならない……とアインシュタインは主張したのである。

この議論には、ボーアもいささか困ったらしい。彼は一晩徹夜して、遂に反論のための根拠を考えだした。

逆手をとったボーア

エネルギーが箱の穴を通る時間を測定する道具は、装置に備えられている時計である。ところが箱の重さを知るためには、当然箱は鉛直方向（たて方向）に動かなければならない。ところが鉛直方向に移動すれば、重力の加速度gの値が、わずかながらも違ってくるのである。時計を重力場の方向に動かしたとき、針の進み方が違ってくるのは（もっとはっきり言えば、gの値が異る二点では、時間の経過が違うということ）アインシュタイン自身が提唱した一般相対論の帰結である。

もう少しわかりやすく考えてみよう。箱の重さを極めて正確に測るということは、ハカリのバネの伸び（鉛直方向）を読む際の誤差Δzを、思いきり小さくすることである。ところがΔzを小さくすればΔp_z（上下方向の運動量の不確定さ）は大きくなってしまう。また、運動量の変化というものは、力と時間とをかけ合わせたもの（力積）に等しいことがわかっている。Δp_zが大きくなることは、結局は測定時間のあいまいさΔtが大きくなることと同じである（Δp_z＝（力）×Δt）。したがって$\Delta z \cdot \Delta p_z = h$が成立すれば当然$\Delta E \cdot \Delta t = h$も成り立たなければならないということになる。そうして前者はガンマー線顕微鏡の思考実験ですでに認められていることである。

アインシュタインは時間とエネルギーとの不確定の量を、いくらでも小さくできると考えたが、彼自身の展開した一般相対論を逆用され、ボーアによってその主張が否定されたことは、考えてみれば皮肉である。

量子論の草分けとしてのボーア

二〇世紀初期の、最も偉大な物理学者として、多くの人はアインシュタインとボーアの名を挙げる。前者は相対論の設立者として、後者は量子論の草分けとして、科学史に特筆されるべき人であることは論をまたない。

ところでこの二人が論争したというのであるから、おおかたの興味はこれに集中した。そうして現在のところ、多くの物理学者は、この論争はアインシュタインの判定負け、と判断しているようである。

光量子仮説というように、量子論の発展に貢献しながらも、確率的な因果性に満足しなかった——つまり必然的因果性が根底にあると信じていた——アインシュタインは、量子論のめざましい発展に追従していくには、あまりに思考が保守的でありすぎる……とされたのである。

アインシュタインについてはよく知られているが、一方の旗頭ニールス・ボーアは一八八五年にデンマークのコペンハーゲンに生まれている。当時の物理学は、ドイツとイギリスとで最もさかんであったが、両国の中間にあるデンマークはまさに地の利を得ていた。ボーアはドイツの理論物理学と波動力学とをよく吸収し、さらにイギリスの実験物理学と原子についての研究をもとり入れた。

若い頃のボーアは流体力学や表面張力の論文などを作成していたらしい。一九世紀から二〇世紀に移る頃、それまで液体とか固体とかを研究対象にしていた物理学は、その目を微粒子の世界に向け始めていた。J・J・トムソンによる電子の発見、プランクによって始められ、さらにアインシュタインらのまとめあげた光量子説、トムソンや長岡半太郎博士の提案する原子模型、ラザフォードによる原子核の発見など、いずれもボーアの研究意欲をかきたたせるのに充分であった。

若い頃のボーア

一九一三年に、原子核のまわりに原子番号と同じ個数の電子が回っているという、いわゆるボーアの原子模型が提唱された。イギリスの物理学者ラザフォード（一八七一―一九三七年）の実験結果を、いわゆる量子条件という画期的な思想を用いて展開した理論である。その直後、ヨーロッパは第一次世界大戦に突入するわけであるが、大戦の初期にボーアはおもにイギリスのマンチェスターに滞在し、モーズリーなどとともにエックス線の研究に従事した（エックス線の教科書に必ず名のでてくるモーズリーは、まもなく兵役にとられ、黒海と地中海とを結ぶダーダネルス海峡の上陸作戦で戦死する）。

一九一六年、戦争のさなかにボーアはコペンハーゲンに戻り、さらに原子物理学を研究していく。デンマークはともかく中立国になっていたので、ドイツの文献、特にゾンマーフェルトの原子模型に関する研究が戦争のさなかでもボーアの手もとに届いている。当時交戦状態にあるドイツとイギリスとの双方の、それぞれゾンマーフェルト、ラザフォードという原子物理学者と交流ができたわけであるが、これもデンマークが中立を維持していたための特権といえよう。

やがて終戦を迎え、ボーアの研究所はコペンハーゲン市から土地を寄贈され、ここに理論物理学のメッカが誕生するのである。滞在期間の長短はあったが、ボーアを訪れた人たちの中には、イギリスからP・A・M・ディラック、N・F・モットが、オランダからはH・A・クラマースが、ベルギーからはL・ローゼンフェルトが、ドイツからはW・パウリ（国籍はスイス）、W・K・ハイゼンベルクが、アメリカからはJ・C・スレーター、J・R・オッペンハイマーが、そうして日本からは仁科芳雄が……というように、全世界の理論物理学者が集まった、といっても決して過言ではないであろう。

そうしてハイゼンベルクによる不確定性原理も、コペンハーゲン精神に大きく影響されている……というよりも、不確定性原理そのものが、コペンハーゲン学派のバックボーンをなしている、といえるのである。

コペンハーゲン学派の思想

量子論の根底にあるものの考え方を、いま一度ここで検討してみよう。

たとえばベンゼンは六個の炭素原子が六角形に結びつき、さらに各炭素原子に水素原子が一つ

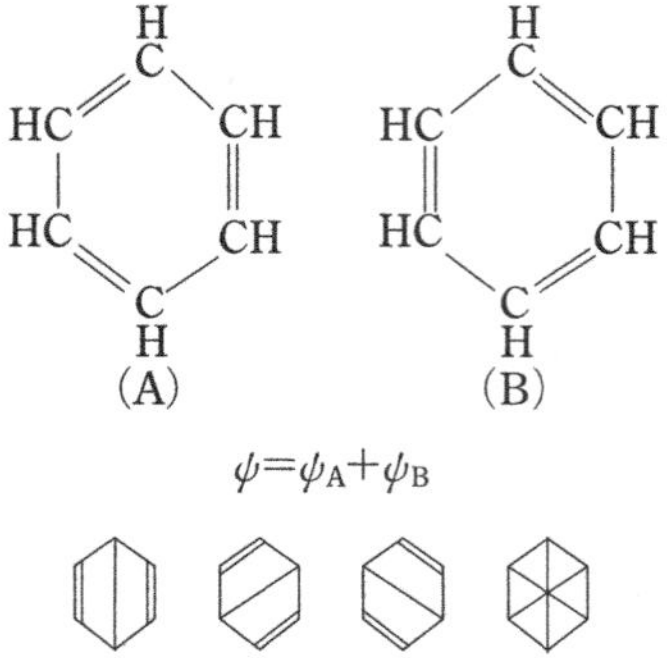

図21　ベンゼン分子

ずつ結合している。各炭素原子は四価、つまり結合能力として四本の手を持っているから、一本は水素と結び、他の三本で一つおきの二重結合を行っている。この場合、図21のA型とB型との二通りが考えられる。なお実際には、図の下に示すような結合も存在しないわけではないが、このような結合状態はかなりエネルギーが高くなり、エネルギーの高い状態はまれにしか出現しないと考えて無視することにしよう。量子化学ではAとBとの状態が、互いに共鳴であるという。それでは共鳴とはどのようなことか。

ここにN個のベンゼン分子があるとき、Nのうちの半分がA、他の半分がB……とは考えないのである。このような考え方は、ある瞬間には一つのベンゼン分子はAかBかのどちらか一方であることを暗示しているわけであるが、量子論的な考え方はそうではない。一つのベンゼン分子が、AでもありBともなっているのである。状態を表す関数ψは、完全にAの場合（ψ_A）と、確実にBのとき（ψ_B）とを、適当な係数をかけてたした形になっている。

同じような事柄を別の例で考えてみよう。固体の中には単振動（たとえば時計のふりこのような振動）をしている原子が非常にたくさんあるが、振動数はどれもが ν であると仮定してみる。このとき、どの単振動も零点エネルギー $h\nu/2$ をもつが、これを除外して考えると、所有することのできるエネルギーはゼロか $h\nu$ か、その倍か、三倍か、四倍か……である。

ここまでは量子力学を解いてやりさえすればわかることであるが、これから先をどう考えるかが問題である。たくさんの単振動のうち、ある瞬間に、五割がエネルギーゼロ（ただし零点エネルギーを除外して）、三割がエネルギー $h\nu$、一割五分が $h\nu$ の二倍、三分が $h\nu$ の三倍をもつ……というようには考えない。

前章の、金属中の電子のところでもこのことは説明したが（一つの電子が、九割は金属内、一割は金属外にある……というように）、ここでも、一つ、一つの単振動が五割という確率でエネルギーがゼロであり、三割の確率でエネルギーが $h\nu$ である……というように記述するのである。

量子力学的記述法

量子論のパラドックスに入るまえに、いささか面倒でも、量子力学的記述法を簡単に述べておこう。

話をできるだけわかりやすくするために、光源から出た光が、スクリーンにあけられた二つの穴AとBとを通り抜けることを考える。もちろん穴にうまく到達せずにスクリーンに当たってはね返ったり吸収されてしまったりする光もあるが、これらは除外するものとして、光は必ず穴をつき抜けると考えていこう。

光は……量子論的にいうと光子、つまりエネルギーを持った粒である。光源から出発した光子をψと書くことにする。また穴Aを通る光子をψ_A、Bを抜ける光子をψ_Bとしてやる。

ψを光源から出た光の純粋状態という。同じようにψ_Aは確実に穴Aを通る光子の純粋状態であり、ψ_Bは正しく穴Bを抜ける光子の純粋状態を表している。それではψとψ_Aおよびψ_Bとの関係はどうなっているか?

いま穴Aおよび穴Bのすぐ後ろに適当な測定装置をおき、ここにやってくる光子の数を勘定してやる(実際には、光子の個数などとてもかぞえられないが、光の強度が大きければ、光子の数は多いと考えていい)。このとき発光体が穴Aの方向を向いていたためか、あるいは穴Aの方が大きかったためか……とにかく何らかの理由で、測定した結果Aに到達する光子とBにくる光子との比が二対一であったとする。このとき、

$$\psi = \sqrt{\frac{2}{3}}\,\psi_A + \sqrt{\frac{1}{3}}\,\psi_B$$

のように記載される。一般的にいえば、さきに書いたように、

$$\psi = c_1\psi_1 + c_2\psi_2 + c_3\psi_3 + \cdots\cdots$$

となるときは、ψという純粋状態に対して、それがψ_1かψ_2かあるいはψ_3か……というような測定を施してやったところ、ψ_1である確率がc_1^2、ψ_2である確率がc_2^2というようになる、ということである（c^2でなく、一般にはその絶対値の二乗$|c|^2$としてやらなければならないが、煩瑣《はんさ》をさけて単にc^2と書くことにする）。

純粋状態と混合状態

さて多くの光子のうち、三分の二が穴Aを通ったものであり、三分の一が穴Bを通過したものである……とするなら、この光子の集団はもはや純粋状態ではなく、混合状態であるという。そんなことといったって、光源が穴Aの方を向いていればどうせ光の三分の二はAを通過するのだから、純粋状態ψも、混合状態も、同じことではないか……などといってはいけない。これを区別しなかったら、何のために量子力学をつくったかわからなくなる。実際に、純粋状態の光子群は、穴の後方の壁に縞模様をつくるが、混合状態の光子の集団はそれをつくらない。そうして量子力学では、$\psi = c_1\psi_1 + c_2\psi_2 + \cdots\cdots$の$\psi$は、あくまで純粋状態を表しているのである。確

かにψの粒子を測定してやると、c_1^2の確率でψ_1として観測され、c_2^2の確率でψ_2という姿を見せる。しかし、測定してやるということが、状態を変化させてしまうことは、第二章（たとえばテレビ・カメラの例）で説明してきた通りである。

もっとも、実際には——たとえば統計力学などでは——粒子の状態をいちいち測定することなく、混合状態と考える方法によって問題を処理してしまうことが多い。さきに挙げたベンゼン分子を例にとると、一つの分子が$\sqrt{\frac{1}{2}}\psi_A+\sqrt{\frac{1}{2}}\psi_B$という純粋状態であるにもかかわらず、たくさんの分子のうちの、半分はA型、他の半分はB型……と簡単にやってしまう。

というのは……一般の場合には純粋状態を書き表すのが困難なことが多い（純粋状態として、ψを具体的にどんな形に設定していいのか、見当がつかない）ということである。光が二つのうちのどちらの穴を通るかとか、ベンゼン分子がA型かB型か……などの問題なら純粋状態もたやすく数式化される（要するに二つの項をたしてやればいいのだから）。しかしもっと一般的な問題になると、ψ_1、ψ_2、……などの関数は、そうたやすく見つからないのである。

状態と物理量

「状態」ということについてくどく述べてきたが、量子力学ではいまひとつ、物理量——たとえばエネルギー、運動量、粒子の位置など——というものを正しく理解しなければならない。

古典力学では、玉の位置がどこどこで、運動量がなにほどでエネルギーはどれくらい……ということはみんなはっきりしている事柄であり、このような物理量がそのまま玉の状態を表していた。

ところが量子力学では——つまり本当の自然の姿に関して——状態と物理量とははっきりと区別されなければならない概念であるとする。

たとえば発光体なり金属なりがあれば、当然そこには光子なり電子なりが存在するだろう。この時点、つまり単なる認識の段階では、それらはそのような状態にあると考える。

次に、この光子や電子がどこにあるのかなあ……ということで、その位置を測定してやると、そこで初めて位置という物理量が意味を持ってくる。位置の測定は初めから放棄して、運動量の方を調べてやろうと器械で測ってやれば、運動量という物理量が出現する。ただしこのときには、位置という物理量はどこにもない。

位置の確定したのちの状態は……位置についての純粋状態である。これをたとえば ψ(位) としよう。運動量が確定している状態は、運動量についての純粋状態であり、こちらを ψ(運) としよう。同じ光子であっても、ψ(位) と ψ(運) とは違う。後者は二つの穴の後ろの壁に干渉縞をつくるが、前者はつくらない。

それでは「物理量」の方は量子力学ではどう表すのか。古典力学なら、たとえば位置は$x=3cm$、運動量は$p=5cm\cdot g/s$、エネルギーなら$E=8$（エルグ）というように、ずばり表現してやればいい。ところが量子力学では、こうはいかない。xとpとが同時に確定値を持つということはあり得ない……ということは、この本の初めから述べてきたことである。

演算子

量子力学では、粒子の位置がどこであるか……という事柄以前に、位置を測定する、という操作自体がすでに問題になってくる。運動量を測る、エネルギーを調べる……という操作そのものも数式化されるのである。

これらの測定はすべて「演算子」というもので表すことにする。演算子とは数学的な言葉だが、関数にある値をかけるとか、関数を微分してやるとかの数学的操作のことである。関数を、ある約束で変化させる記号だと思えばいい。そして位置を測ろうとする演算子Q(位)、あるいは運動量、エネルギーを測定しようとする演算子Q(運)、Q(エ)などは、それぞれみな別の形をしている。

また量子力学では、位置の確定している状態Q(位)に対し、実際に位置を測定してやると、

$$Q(位)\,\psi(位) = q_1\,\psi(位)$$

となるのである。つまりψにQという演算を施しても、ψの型は変わらずに、ただ何倍かに（これをq_1と書いた）なるだけである。

同じように運動量の確定している状態の運動量を実際に調べてやることを、

Q（運）ψ（運）＝q_2ψ（運）

と書き、ああこの粒子の運動量はq_2だなあ……ということを知るのである。

この量子力学の式では、粒子の状態ψに対し、ある物理量を測定する操作Qを施してやると、測定値qが得られる……と書いてあるわけである。

オブザーバブル

式の上で演算子Qで表される物理量のことを、オブザーバブルという。位置や運動量やエネルギーはもちろんオブザーバブルである。技術的には測定が困難であっても、原則的に測ることが可能なものはすべてオブザーバブルになる。古典物理学では、状態とオブザーバブルとは全く混同して扱われていた。

それではψ（位）にQ（運）を施したらどうなるか。これは位置の確定しているもの（つまり運動量は全く不確定）の運動量はいくらになるか調べてやれという命令と同じで、もともと無理難題である。このときにはさきに書いた式のようにψがもとの型のまま残る……などということは絶対にない。絶対にそんなふうにならないように、数学的にできているのである。

このようにオブザーバブルQ_1が設定されると、これに対する純粋状態ψ_1が決まるが、このときψ_1をQ_1に対する固有状態とよび、それを表す数式を固有関数という。

ψ_1がQ_1に対する固有状態だからといって、ψ_1が別のオブザーバブルQ_2に対する固有状態であるかどうかはわからない。運動量に対する固有状態は、運動エネルギーの固有状態になり得るが、運動量と不確定の関係にある位置に対しては、絶対に固有状態になることはできないのである。

以上ながながとわかりにくい量子力学を持ちだしたが、次に述べるシュレーディンガーの猫の議論に、どうしてもこの問題がでてきてしまうからである。ψという純粋状態があるとき、これを固有関数とするオブザーバブルQが存在することを——たとえそれが非現実なものであっても——認めるのが、コペンハーゲン学派の信条なのである。

シュレーディンガーの猫

量子力学も、つきつめて考えていくと、思わぬ支障にぶつかることがある。その典型的な例としてシュレーディンガーの猫というのを考えてみよう。

容器の中に放射性元素、たとえばラジウムのようなものを入れておく。このラジウムの量を調節して、一時間のうちにアルファ粒子が飛び出す確率が二分の一……になるようにしておく。ア

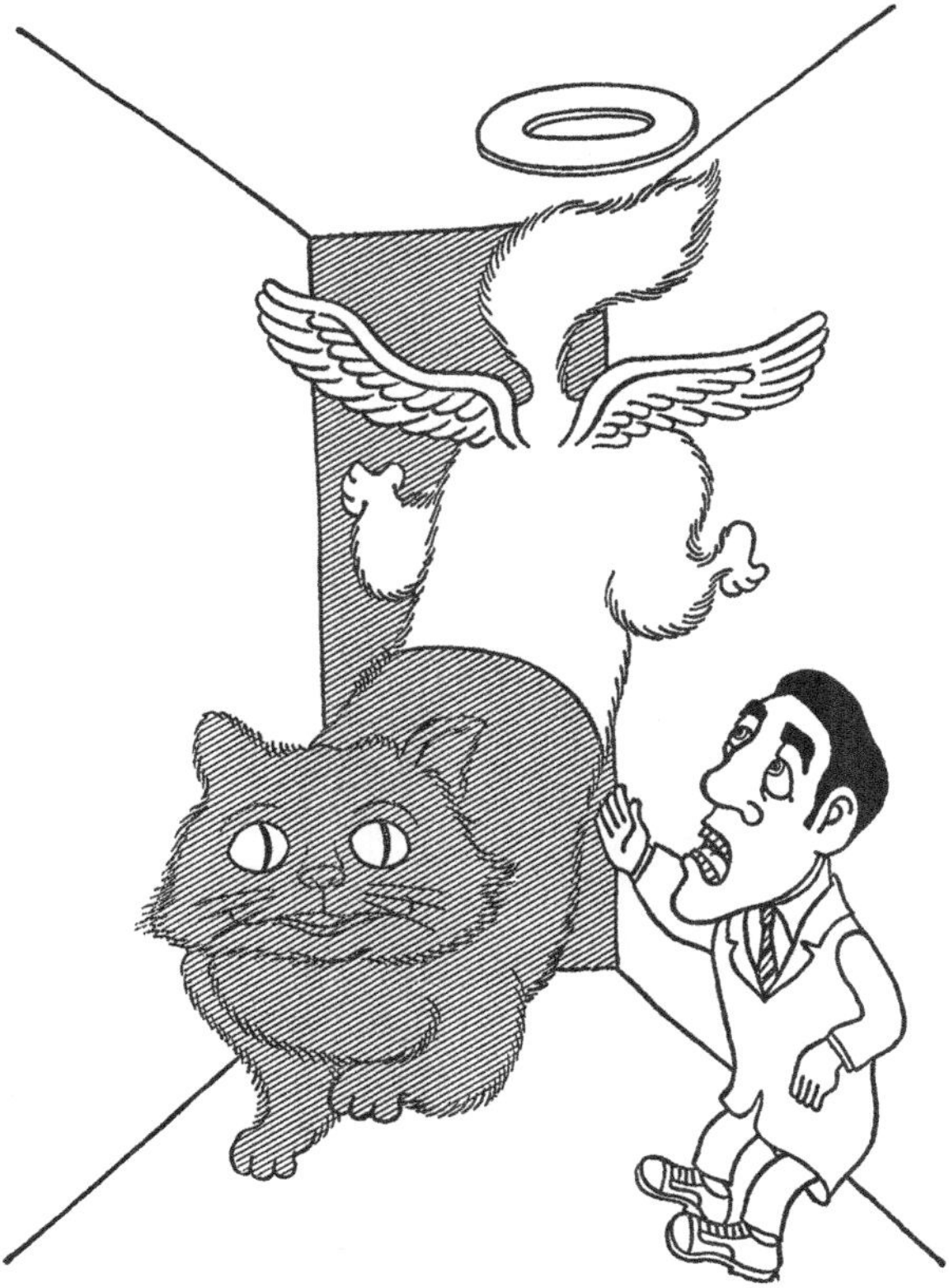

半分死んで半分生きてる？

ルファ粒子が出れば容器の中に電流が流れるようになっている（つまりガイガー・カウンターと同じ理屈である）。電流が流れれば――アルファ粒子一個による電流は極めて小さいが適当な装置で増幅して――その電流は青酸カリのふたを開くようにしてある。青酸カリが容器の中にガス状のまま広がれば……猫は必ず死ぬ。

さて、一時間後のラジウムの状態はどうなっているか。数学的な記述ではアルファ粒子を放出したという項と、放出しないという項との和である。コペンハーゲン流の解釈にしたがえば、アルファ粒子がでていることとでていないこととの二つの状態を合わせ持っているのである。実際に調べてみて、初めてアルファ粒子を放出したかしなかったかが判明する。ここまでの話には、それほどおかしなことはない。

ところが放出したか放出してないかは、そのまま猫の生と死とに結びついている。一時間後の猫は、生と死との状態を半々に持っていると考えざるを得ない。半死半生だからかなりまいった状態で息もたえだえ……というのではない。その猫は五〇パーセントはピンピン活動しており、五〇パーセントはまったく死に絶えているのである。

猫に対するこのパラドックスは、量子力学の設立者の一人であるドイツの理論物理学者シュレーディンガーにより一九三五年に指摘されたものであり、シュレーディンガーの猫とよばれて、量子力学をいかに解釈するかの問題を提起している。

フォン・ノイマンの思想

量子力学も、シュレーディンガーの猫のような問題になると、同じコペンハーゲン学派の人でも、必ずしも同一の解釈はしてはいないらしい。量子論的な解釈はあくまでミクロな体系に限定し、猫のようなマクロなものには適用すべきではない……とするのが最も穏当な考え方である。それではミクロとマクロとの境界をどこに引くかということになると、問題は大分ややこしくなる。

ここで、フォン・ノイマンを中心とする、いわゆるコペンハーゲン学派の解釈を紹介しておこう。観測しようとしている物理的（？）対象物のうち、重要なのは放射能をもつラジウムと猫である。電線、増幅器などは問題から除外して考えてもいい。

ラジウムが確実に放射したという純粋状態を ψ(放)、放射していない状態を ψ(未)、猫が確実に死んでいる状態を ϕ(死)、ピンピン生きている状態を ϕ(生) と書くことにする。ラジウムは放射し、したがって猫は死んでいる……ということを書けば、二つの関数のかけ算になり ψ(放) ϕ(死) となる。

さて係数の c_1 と c_2 とは時間がたつとだんだん変わっていく。つまり時間 t の関数である。したがって t 時間後のこの体系の状態は

$$\psi = c_1(t)\,\psi(未)\,\phi(生) + c_2(t)\,\psi(放)\,\phi(死)$$

ということになる。最初（つまり$t=0$）は猫は生きていたから$c_1(0)=1$, $c_2(0)=0$であり、またtの値のいかんにかかわらず$|c_1(t)|^2 + |c_2(t)|^2 = 1$が成立する。たとえば一時間後には半分の確率でラジウムは放射しているのだから$c_1(1)=c_2(1)=1/\sqrt{2}$である。

問題はここにつくったψという関数である。量子力学を忠実に実行するとこんな形になってしまうが、一時間後のψは猫の絶命した状態と、ピンピンしている状態とを加えたものになっている。一体これは何を表しているのか？　箱の蓋をあけないときには生と死とをおりまぜた状態であるが、蓋を開いた瞬間に突然どちらかに決まるというのか？

あくまで純粋状態を認める

ここで純粋状態ψというものを、もう一歩突っ込んで考えてやらなければならない。話がどうしても数学的になってしまって——量子力学とは、この意味ではまことに数学的である——わかりにくいかもしれないが、純粋状態ψというものは、先に述べたようにこれを固有関数とするところの演算子を施しても、

$$Q\psi = q\psi$$

である。この思想をあくまでも貫いて——これがコペンハーゲン流の解釈になるのだが——生

と死とを半々に背負った猫も純粋状態と考え、この純粋状態を固有関数とするところのある測定を行えば、測定した後の状態もすぐまえに書いた式のようになり、猫は生とも死ともつかない状態でいることを認めることができるとするのである。

残念ながらわれわれは生と死とをあわせて持った猫を確実な状態として認めるなどという測定方法を知らない。このQは具体的にいうとどんな観測方法か、見当もつかない。知らないからといって……生と死とをかね備えた純粋状態をとりだす方法が、原則的に存在しないとはいえない……と考える。猫のパラドックスは、Qに対応する観測方法がわからないがゆえに奇妙に思えるとするわけである。

われわれが知っている測定方法は、蓋をあけるとか、箱の側面を取り去ってガラスにおきかえるとか……の方法である。これらの操作は、もちろん先に書いたQとは違う。Qとは似ても似つかぬ方法である。そうして、こんな似ても似つかぬ方法だけしか現実的には行われていない……ということが、猫の問題を非常に理解しにくいものにしている。

そのため、こんな問題ではどうしても混合状態による表現法を採用することになる。混合状態……つまり同じ装置を非常にたくさん作ったとき半分の猫は死んでいる……これなら誰でも納得する。しかし、コペンハーゲン流の解釈では――たとえそれが非常に非現実的であっても――あくまで純粋状態を認める――つまり生と死とをかね備えたφに対して$Q\varphi=q\varphi$の成り立つことを是認する――という立場をとっている。

ボームらの批判

とにかく常識的に考えると、シュレーディンガーの猫に対するコペンハーゲン学派の解釈は、かなり強引なようにも思われる。多くの人たちにより反対意見が提出されているが、実のところ、まだ解決されていない問題である。

観測の理論はこのほかにも、いろいろ不明な点がある。たとえば測定装置というのはどこまでを考えるのか。装置を、これを観測する主体の側に広げてくると人間の目も網膜も器械の一部分になってしまう。極限にまでもってくれば、測定するものは自分という魂だけになる。

ハイゼンベルクは、観測とは究極においては「客観的実在の蒸発（消えてしまうということ）」であり、量子力学とは「粒子そのものを表すのではなく、粒子についてのわれわれの知識、あるいは意識を示している」といい、「実在はわれわれがそれを観測するかいなかによって変わってくる」と述べているが、多くの哲学者たちはこれに対してかなりに批判的である。

物理学者の間でも、一九五〇年代になって量子力学の基礎概念を新たに検討し直そうという雰囲気が強くなってきた。その急先鋒がボームである。

ボームは一九一七年、つまりボーアの対応原理とほとんどときを前後してアメリカに生まれ、カリフォルニア大学バークレー校を卒業したのち、ロンドンのバークベック大学の教授となっている。

ボームの量子論に対する考え方は、昔のアインシュタインの批判に戻ったような感じがする。自然を記述する場合、現在の量子力学には現れていない「隠れたパラメーター（式の中に隠然と存在して、式の値を変える原因となるもの）」というものがあり、これが根底において物理現象の因果性を支配していると考えているのである。

ボームの主張によると、古典物理学というものは全く機械論的なものであり、二〇世紀になって場の理論、分子運動論、量子論、素粒子論が現れ、古典的自然観の矛盾を取り除いたようにみえるが、それでもまだコペンハーゲン流の量子論に対する解釈は、その本質はあいかわらず機械論的である……と批判している。

もしこの世が、古典物理学一色であったら、第一章で述べたようなラプラスの悪魔が存在するであろう。しかし量子論の誕生とともに、ラプラスの悪魔といえども、確率的にしか将来を予言することができなくなった。

量子論の出現する以前にも……もちろん確率という言葉と概念は存在した。たとえばサイコロを振って、一の目の出る確率は六分の一である、というように……。

しかし、サイコロの確率は、われわれが物理的原因を詳細に追究する技術をもたない……ということのために、設定された思想である。これに対して、量子論での確率は根本的に異質のものである。自然現象そのものが、確率的な存在なのである。物理法則をとことんまで究めていき、物質を最後まで突きつめていっても……そこに見出されるのは確定した事実でなく、「確率」にすぎないのである。

さらにこの量子論もボームらにより再検討を迫られるようになった。のではあるが、どのような形で改変すべきかは、誰も具体的には述べていない。コペンハーゲン流の考え方では何となく満たされないものがある……というのが、批判派のおおかたの根底になっているようである。もし、この人たちの思想を推し進めていったとすれば、いったいどんなものが現れてくるであろうか。かりに量子論にとってかわるものが出現したら、原因と結果とを結ぶ不可解な絆《きずな》も、当然この新しい思想に沿って検討されていかなければならないであろう。

終章　ＳＦ戦争

アルバコア号の幸運

一九四四年六月一九日の未明、A国の潜水艦アルバコア号は太平洋西南部にあるヤップ島の北方付近を哨戒していた。この日すでに艦のレーダーは二回も空中に飛来するかすかな物体を認めている。そのたびに急いで潜航したのだが、艦長のブランチャード少佐はふと首をかしげた。いま頃A国の飛行機がこのあたりを飛ぶはずがない。とすれば敵機だ。おそらく索敵機だろう。しかも短時間のうちに続けて二回も敵機に遭うとは……敵は今までの戦闘でかなりの飛行機を消耗しているはずである。にもかかわらず、この海域への索敵をさかんに行っているということは……きっと重大事があるに違いない。

二度目の潜航をすること三〇分あまり、あたりはすっかり明るくなり、艦長は潜望鏡を上げる。映るはなにか朦朧《もうろう》としてはいるが巨大な軍艦。

「敵艦だ！　潜航、総員配置につけ！」

ブランチャード少佐は大声でどなった。

これより二年半ほど前、一九四一年の暮れ、A国は太平洋をへだてたX国と戦闘を開いた。開戦劈頭、X国の海軍にパールハーバーを奇襲されて多数の艦艇を失い、また東南アジアから南太平洋のソロモン群島までX国の軍隊の蹂躪《じゅうりん》にまかせたが、航空機を主体とするミッドウェーの海戦をさかいにして、A国軍は陣容を立て直し、南部太平洋の島伝いに、徐々に敵軍を圧迫していった。

工業力でA国に数段劣るX国にとって、ミッドウェー海戦での制式空母四隻、「カガ」「アカギ」「ソウリュウ」「ヒリュウ」の喪失は致命的だった。商船、潜水母艦、水上機母艦などを改造して急遽《きゆうきよ》間に合わせた空母は多いが、制式空母にくらべれば戦力は半分にも満たない。

南方の島伝い作戦をとってきたA国軍は、突然その鋒先を北に向け、サイパン、テニアン、グアムを中心とするマリアナに向かった。A国艦隊は西進してくるものと判断していたX国の海軍は大あわてで、全勢力をもってマリアナに向かうことになる。

X国海軍の制式空母は開戦の年に初めて竣工した「ショウカク」と「ズイカク」、それにこの年四四年の三月に参加した「タイホウ」。彼らは虎の子であるこの三隻をつれ、その他の改装空母、戦艦、巡洋艦、あまたの駆逐艦群を従えてマリアナに向かって東進した。その中には世界最大の戦艦「ヤマト」、「ムサシ」もいるはずである。

いったん潜航したアルバコア号は再び潜望鏡を上げる。

「敵空母近し。距離……二二〇〇。方位……右四五度」

艦長のどなる声に、いつもと違ってこころなしかためらいのようなものが感じられる。

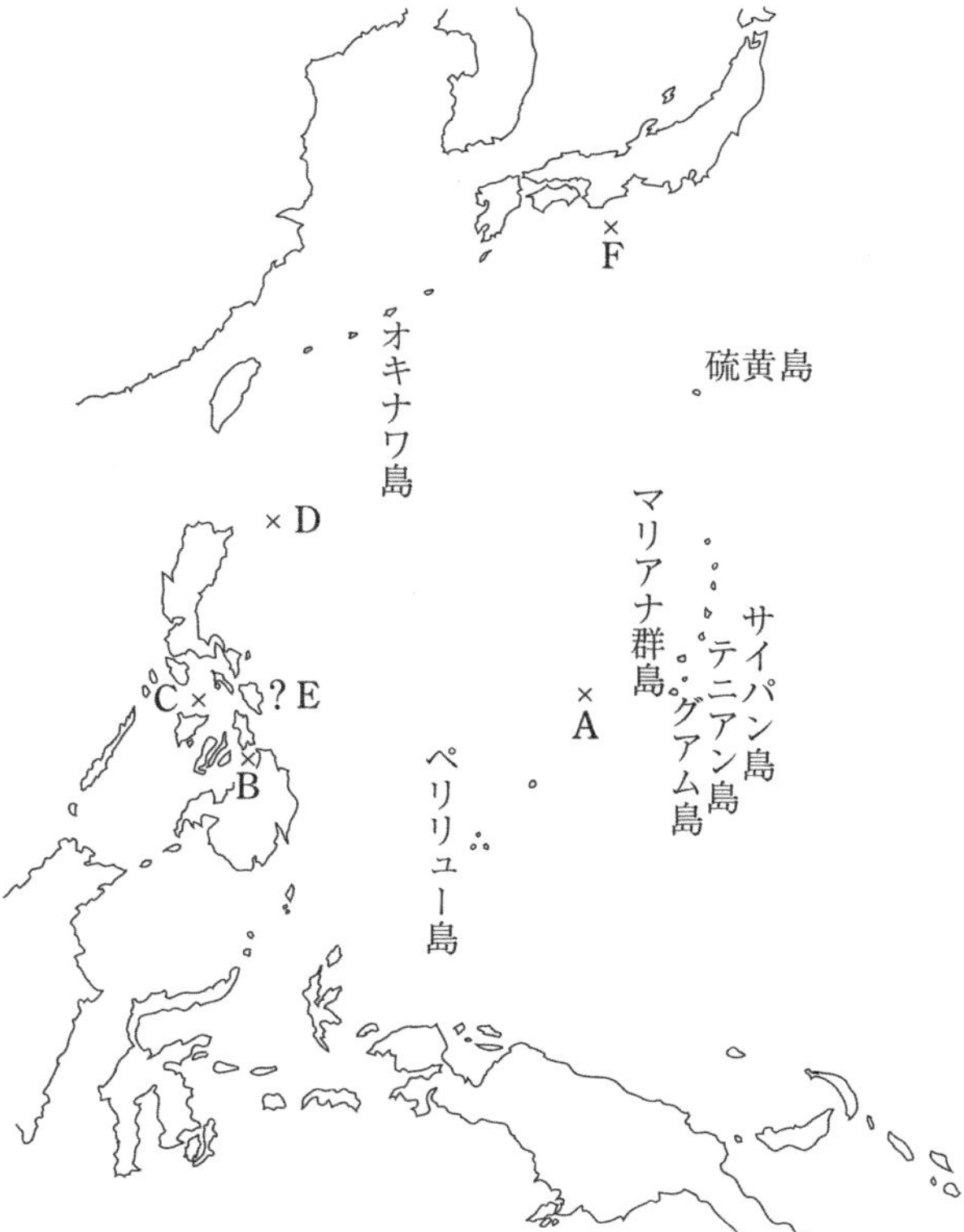

A　タイホウ，ショウカク沈没　D　ズイカク沈没
B　ヤマシロ沈没　E　ヤマト現る
C　ムサシ沈没　F　シナノ沈没

図22　ある海戦の地図

「おい！　潜望鏡が曇っとるぞ」

いかにレーダー、ソナーが発達したとはいえ、潜望鏡こそは潜水艦の目である。曇るような安もののレンズは使ってない。平素の手入れも充分のはずである。

一瞬妙な胸騒ぎがした水雷長もすぐに気をとり直し、

「艦長、敵の進路は？」

と伝通管を通してどなる。

「敵の進路は……」

艦長の声は大きいが、そのあとが出てこない。

「艦長、敵の進路はどちらですか！　進路がわからなくては魚雷は撃てません」

と水雷長はどなり返す。

「敵の進路は……む、む、……」

艦長はうなるばかりである。

「早くおっしゃってください。魚雷発射準備はとっくに完了しています。敵はまぢかですぞ！」

「うむ、む、む、……どうもいかん。おい先任将校、ちょっとのぞいてくれ」

先任将校は艦長にかわって、潜望鏡に飛びつく。

「敵空母近し、進路は……」

ここで先任将校も息を飲む。

「どいつもこいつも何してるんだ。よし！　見当を定めず撃っていこう。一発ずつ角度を変える。第一発はとにかく目標の方向！　撃て」

こうしてわずかずつ右へ修正しながら六本の魚雷は発射された。目標近くに到達するまでに魚雷の間隔はかなり離れてしまう。一発でも命中すれば幸運である。

「雷跡上に水柱たつ！」

と先任将校がどなる。

「命中か！」

司令塔の中の全員が思わず振りむく。命中にしては時間が早すぎるし音も聞こえない。

「水柱の中に飛行機の尾翼が見えました。飛行機墜落の水柱と思われます」

「さてはX国の飛行機め、雷跡を発見して機体ごと突っ込んだか。それにしても勇敢な奴だ」

と艦長がうそぶいたとき、命中音が響いた。

「命中！　ただちに潜航エンジン・ストップ！」

アルバコア号は敵の駆逐艦の爆雷攻撃にじっとたえ、やがて脱出することに成功した。ブランチャード艦長はハワイ司令部に打電した。

「われ敵空母『ショウカク』型一隻撃破」

しかし、アルバコア号の戦果は、その乗組員が考えていたよりも遥かに大きく、逆にX国軍側は非常に大きな不幸に見舞われたのである。

A国側のラッキーは、水雷長の判断にあった。六本の魚雷の当てずっぽう撃ち……そのうちの一本だけが「タイホウ」に命中したのである。「タイホウ」は三万二〇〇〇トン、「カガ」「アカギ」なきあとのX国軍空母の最精鋭である。飛行甲板はX国工業力の粋を集めた鋼鉄でおおわれ、艦底は小区画に分かれて、浸水を幾重にもくい止められるようになっている。

アルバコア号の放った魚雷は前部エレベーター付近に命中したが、そんなことは知らぬげに「タイホウ」は高速で前進していく。艦橋も艦内も、平常と変わらない。しかしこのとき、艦底前部にあるガソリン庫から、ガソリンは気体になって洩れだしていたのである。

雷撃されたのが午前八時一〇分、それから六時間あまり走り続けた「タイホウ」は午後二時三二分に電気のスパークが洩れたガソリンに点火して大爆発を起こし、さらにそれから四時間後の六時二八分、サイパン島西方一〇〇〇キロたらずの海中に沈没した。これより少しまえ、僚艦の「ショウカク」も四本の魚雷を受け、午後二時に、ほとんど同じ場所に沈んでいる。

X国海軍は、昔からA国を仮想敵国として作戦を練ってきた。艦艇の絶対数で劣るX国軍は、まず潜水艦により敵の兵力を三割がた削減し、五分五分の力で正面衝突して雌雄を決するのが常道とされていた。ところがこの海戦では、逆にA国側に完全におかぶをとられてしまった。そうして、被雷まえに空母から飛ばした戦爆混淆の飛行機群も、多くはグアム島上空でA国戦闘機部隊の餌食になってしまった。

忽然と現れるX国軍隊

マリアナ沖海戦でA国海軍は大勝した。しかしこの頃をさかいにして、X国の軍隊に不思議な現象が起こり始めていた。

まずサイパン島をほぼ七月初旬までに占領し終えたA国軍は、七月下旬にテニアン島とグアム島にいっきに襲いかかった。特にグアム島に対する上陸前の砲爆撃は物凄く、空母から発進した爆撃機、攻撃機は連日のべ三〇〇〇機にも達し、海岸陣地や山腹の砲台あるいは飛行場に撃ち込んだ艦砲の弾丸は三万発にも及んだ。これだけの火薬が爆発すれば、陣地内に人間が生存していることは不可能なはずである。七月二一日の夜明け、いっせいに上陸を開始したA国軍は、あたかも無人の野を行くがごとく……のはずであった。

ところが上陸用舟艇群が陸地から三〇〇メートルほど離れた珊瑚礁にたどりつくやいなや、忽ち海岸線にX国の軍隊が現れ、大砲と機銃でA国軍をつるべ撃ちにしたのである。驚いたA国軍は破壊された舟艇を残したまま沖に退却する。すると海岸の守備兵は霧のように消えてしまう。

再び砲爆の攻撃をくわえて、舟艇が近づくと、またまた機銃を乱射してくる。

これにこりたA国軍は、いま一度陣容を立て直し、島の陣地だけでなく、山岳部にも、平坦な荒地にも無差別砲撃、絨毯《じゅうたん》爆撃を行った。

今度はさすがに守備兵の数は減っていた。さらにA国軍は、上陸部隊の前進と同時に、艦砲を海岸に撃ち込んだのである。同士打ちの危険をおかしてまで敢行したこの攻撃法は成功した。多くの死傷者をだしながらも、上陸部隊は海岸に橋頭堡を築いていった。海岸線には夥《おびただ》しい数のX国軍の兵隊のしかばねがよこたわっていた。

マリアナ群島を手中に収めたA国軍は、九月一五日、その西南にあるパラオ群島の中のペリリュー島にも上陸を開始した。ここでのX国軍の行動も神出鬼没だった。

しかしX国軍隊の大きな欠点は、自らが攻撃するときにはその姿を敵前にさらさなければならないことだった。それに装備も、兵力も、A国軍にくらべて遥かに劣っていた。X国軍はよく頑張ったが上陸軍の圧倒的な物量のまえに次第に山地に追いつめられていき、一一月の末以降、ついにA国軍の前に姿を現さなくなった。

緊急会議

場所はワシントンのホワイトハウス、ときは一九四四年一〇月上旬、大統領ルーズベルトは非

霧のように消えた部隊

公式に重要人物を召集していた。スチムソン陸軍長官、バネバー・ブッシュ科学研究局長、コナント国防研究委員会委員長など科学部門の担当者が多かった。さらに、もとX国に駐在した大使、大使づきの武官などのX国通などから、この会議が対X国策であることは参集した誰の目にも明らかだった。学者陣の顔も見える。物理学者オッペンハイマー、それにイタリア生まれのエリンコ・フェルミ、さらに当時A国に渡っていたニールス・ボーアも同席していた。

「ヨーロッパ戦線ではすべてが順調にいっています。パリもすでに解放され、あとはドイツ国内に攻め入る機が熟すのを待つだけです。今日は太平洋戦線に話題を絞り、X国に対する戦略について、みなさんの知恵を拝借したいと思います」

こう言って大統領は、フェルミ、ボーアらの方に顔を向ける。

「前線からの報告によりますと、ここ数ヵ月のX国の軍隊の行動は全く奇妙だというほかはないようです。攻撃をしかけると霧のように消えてしまう……そのくせ歩兵が進撃していくとどこからともなく姿を現す。上陸部隊は彼らの存在、移動方向をつかむのにこれまでにない苦労をしているそうです」

これは陸軍長官の発言である。軍事顧問であるリーヒー海軍大将も、

「海軍でも実に不思議なことが起こっています。わが潜水艦が敵影を認めたとき……なにも潜水艦ばかりでなく哨戒機や駆逐艦が敵艦に遭遇する場合も多々ありましたが、そのたびに入る報告

は、『敵艦見ゆれども、その速度全く不明』という、そろいもそろって妙なことばかりいってきます。最初はレーダーの故障かと思い、すべての艦のレーダーを調べましたが、なに一つ欠陥がありません。味方の軍艦に対してはどんなに遠くても、わが方のレーダーはその位置および速度がはっきり記録されているのですが……。

レーダーばかりでなく、潜望鏡を通して、あるいは飛行機上から、実際に肉眼で見ても速度が全くわからないと報告されています」

リーヒー大将もここで、科学陣の方に目を向けた。

「そのためここ数ヵ月間に、敵艦を見ながら撃ちもらした例がかなりたくさんあります。わたしも初めはそんなばかなと前線部隊を叱りとばしましたが……どうも叱ってすむ問題ではないようです。この不利な条件を克服して敵空母『タイホウ』を撃沈したブランチャード少佐の功績は充分認められてもいいと思います」

「陸海軍からの報告はお聞きの通りです。そこで物理学者の先生がた、この事態をどうごらんになりますか？」

ルーズベルトは改めて質問した。

「不思議としか、いいようがない……」

と研究局長は腕を組む。

「これは、ことによるととんでもない研究の成果かもしれない。たぶん……というよりもほとんど間違いなく、X国の軍隊は量子物理学の世界を拡大して軍事兵器の中にまで応用したのではないでしょうか……」

フェルミの言葉に続いてボーアは、

「そう、わたしもフェルミ君と同意見です。敵軍の位置が判明したときには速度がわからない。逆に速度を調べてやると、敵艦の場所が全くわからなくなってしまう……」

「量子物理学の世界ですって……いったいそんな現象がありうるものですか?」

「あります。学者はこれを不確定性原理と呼んでいます。南太平洋の島を守っているX国の陸軍も、おそらくこの原理のもとに行動しているんでしょう」

「X国軍がそんな新兵器を作りだしたとは信じられませんが……わたしは開戦直前のX国の工業力、科学水準を充分心得ているつもりですが、わずか三年間でそこまで研究が進んだとはとても考えられません。しかも現在のX国の総合的な国力はかなり低下しているはずです」

「X国は潜水艦で、同盟国のドイツと連絡することに成功しています。おそらくアフリカの南を迂回して航行したものと思われます。このときX国は、ドイツから大きな『h』を持ち帰ったのでしょう」

「え、大きな『h』ですって」

「そうです。それが彼らの秘密兵器です。全く物理的な法則から編みだしたものです」

「しかし教授、ドイツの有名な物理学者はみなヒトラーに追われてわがA国あるいはイギリスに渡ってしまったではありませんか。相対性原理のアインシュタインは一〇年も前にA国に渡って現在ではプリンストンにおります。マックス・ボルンもゲッチンゲンからケンブリッジに移っています。それからここにおられるフェルミ教授とそれにあなた、すなわちボーア先生もヒトラーを嫌ってわれわれの陣営に参加なされたはずです。あなたの親友ルドルフ・パイエルスもドイツを去ってイギリスに渡ったと聞いています。一流の物理学者は……コンプトン、ローレンス、それからここに列席されているオッペンハイマー教授……すべてわが陣営にあるはずです」

「ま、まってください」

ボーアはいささかあわてた。

「わたしは単なる旅行者で……なるべく早い機会にイギリスに戻るつもりです。そうしてドイツの敗北をこの目で見たら、すぐにでもコペンハーゲンに帰り、デンマーク自慢の理論物理学研究所を再建したいと思っています」

「いやどうも失礼を申しました。しかし今のドイツにそれほどの物理学者がいるでしょうか……あ、思い出しました。ジョリオ・キュリー。彼は確かフランスにいましたね。しかしフランスはもう連合軍に奪還されたはずですし……しかも彼は、噂によりますと共産党員とか……よもやドイツ軍に力をかすとは思えませんが……」

「キュリーではありません」

ボーアはきっぱりと言った。

「それではいったい誰です?」

「ドイツにはいま一人、偉大な物理学者がいます。しかも若手の……そう、ちょうどここにおられるフェルミ君と同じくらい……四〇歳をいくらもでていないでしょう。ハイゼンベルクといいます。彼はいま、カイザー・ウィルヘルム研究所にいるはずです」

「うーむ、ハイゼンベルク……知っています。彼は確か一〇年あまりまえにノーベル賞をもらっていますね」

「そうです。三一歳でノーベル賞をもらった天才です。多くの物理学者がドイツを去ったのちにも、彼だけはドイツを捨てませんでした」

「そうすると彼はナチ……つまりヒトラーの協力者ですか?」

「そのように思っている物理学者もいます。さきにカイザー・ウィルヘルム研究所の主任教授であったオランダ人のデバイ……彼はヒトラーを嫌って現在A国に渡り住んでいますが……このデバイなどはハイゼンベルクを快く思っていない者の一人でしょう。

しかし……わたしがまだコペンハーゲンにいる頃、当時ゲッチンゲンにいたハイゼンベルクを招聘していっしょに三年間の研究生活を送りました。その頃彼はまだ二〇歳代でしたが……卓越した頭脳の持ち主でした。わたしは彼をよく知っています。

ドイツ軍がデンマークを占領し、わたしの身にも危険が迫って、いよいよスウェーデンに逃れようと準備している頃、ハイゼンベルクはわたしを訪ねてきてくれました。彼は戦争の前途を憂えていました。おそらく……戦争による破壊を最も心配している者の一人といえるでしょう。彼がナチス党員であるなどというのはデマに相違ありません。

しかし、彼はドイツ人です。わたしがデンマークを愛し、あなた方がA国を思い、X国の軍人たちが自分の国のために死んでいくのと同じように彼は祖国のドイツを愛しています。

詳しいことはわかりません。おそらく……ヒトラーは彼の研究を巧みに利用したのでしょう。とにかく早急に対策をたて、前線の部隊に知らせる必要があります」

スリガオ海峡の海戦

一九四四年一〇月二〇日午前一〇時、A国軍の四個師団九万人がフィリピン群島のほぼ中央にあるレイテ島に上陸してきた。これを守るX国の陸軍は一万にも満たない。そこでX国海軍は全力を挙げてレイテ湾に突入することになった。

A国側は当然、X国軍の反撃を予想した。X国海軍は北にある本国から一挙に南下してくるか、

図23　X国艦隊の進路（点線）

西南のボルネオ基地から海峡を抜けてレイテ湾に入るかのいずれかである。北部海域ではニミッツ提督旗下のハルゼーの第三艦隊が敵を迎え撃ち、南部方面はマッカーサー将軍の指揮下にあるキンケイド第七艦隊が味方の上陸部隊を掩護することになっていた。

　南部からレイテ湾に侵入するには、狭いスリガオ海峡を通らなければならない。ワシントンからの極秘指令を受けていた第七艦隊は実に巧妙な戦法をとった。まず海峡の最も南に多数の魚雷艇を配置した。これは海峡の中を自在に走りまわる遊撃隊である。その北には駆逐艦隊をおき、いつでも雷撃できる準備をさせた。海峡の最も北、つまりレイテ湾に通じるあたりには、パールハーバーから引き揚げて応急修理をした六隻の戦艦と八隻の巡洋艦を横に並べ、スリガオ海峡を完全にふさいでしまったのである。

　この三段がまえの中にX国軍艦隊は乗り込んできた。ときは九月二五日午前二時すぎ、A国の魚雷艇と駆逐艦隊は闇に向かって遮二無二魚雷を放つ。X国軍の二隻の駆逐艦は瞬時にして轟沈し、さらにその後方の海面で大火柱があがる。まぎれもなくX国の戦艦「ヤマシロ」である。

「ヤマシロ」を失ったX国軍はなおも突っ込んでくるようすである。これに対してA国第七艦隊の戦艦、巡洋艦は全主砲と片側の副砲とを狭い海峡の中につるべ撃ちにした。これに対してX国軍側は前部の主砲しか使えない。A国軍は、かつてX国海軍のトーゴー提督がロシア艦隊を迎撃した丁字戦法をそのまま活用したのである。

X国軍の艦隊はつぎつぎに被弾して姿を現す。戦艦「フソウ」が炎上し、巡洋艦「モガミ」も黒煙に包まれ、一隻の駆逐艦は煙を吐きながら後退する。こうしてX国軍の艦隊は完全に敗退してしまった。

このすぐあとに、またもやX国軍の別艦隊がスリガオ海峡に侵入してきたのである。艦影は……敵に対して姿を見せないものは、味方から見てもわからない。茫漠《ぼうばく》艦隊……その茫漠たるが故に、皮肉にもX国軍は敵に対してでなく、味方に損傷を与えてしまった。傷ついた第一次突入部隊の「モガミ」は、いきなり第二次突入隊の僚艦に衝突してしまったのである。「モガミ」の左舷に大穴をあけて姿を現したのは巡洋艦「ナチ」。結局「ナチ」は自力で基地に戻ったが「モガミ」はやがて沈没した。第二次突入部隊も第七艦隊に魚雷攻撃を行ったが……何らの戦果をあげ得ず敗退していくのである。X国の海軍は、かつてのロシアのバルチック艦隊に対して、ツシマ沖でパーフェクトゲームを演じたが、スリガオ海戦では逆に——両軍とも旧式艦隊ではあったが——、パーフェクトゲームを喫してしまった。

双方の新鋭艦隊は

スリガオ海峡で戦ったのが旧式艦隊なら、双方の新鋭艦隊はどこにいたのか？

制式空母四隻を中心とするA国の大部隊はハルゼー提督指揮のもとに、ルソン島東方洋上で、南下してくるX国軍の艦隊を猛攻撃中であった。いかに忍者艦隊とはいえ、これにおそいかかるA国第三艦隊はあまりにも多量であった。ハルゼーはフィリピン周辺の新鋭艦を根こそぎにしてルソン島東方に集結させたのである。多勢に無勢、X国軍は制式空母「ズイカク」を失い、改造空母「ズイホウ」、「チヨダ」、「チトセ」も沈められてしまった。しかしA国も、制式空母「プリンストン」を失った。どこから忍び寄ったか、X国海軍の艦上爆撃機「スイセイ」が突然姿を現して、二五〇キロ爆弾を飛行甲板に投下したのである。

一方X国の戦艦、巡洋艦さらに多数の駆逐艦は、レイテ島のちょうど裏側、西北部にあたるシブヤン海にいたが、こちらの艦隊もA国軍の飛行機と潜水艦の波状攻撃にさらされ、不沈艦といわれた六万九五〇〇トンの「ムサシ」は満身創痍《そうい》になって沈没してしまった。さらに巡洋艦「アタゴ」、「マヤ」、「タカオ」も魚雷を受けて、手負いのX国艦隊は命からがら西に向かって敗走していった……と思われた。

ご難つづきのA国護衛空母群

それから少しのち、正確には一〇月二五日六時四五分……レイテ島のすぐ北にあるサマール島の沖を、護衛空母六、駆逐艦三および護衛駆逐艦四隻で編制されたA国艦隊が哨戒していた。艦隊といえば聞こえがいいが、護衛空母とはもともと商船や油槽船であったものを改造した間に合わせものであり、速力はせいぜい一八ノット、搭載機は大きい艦でたかだか三六機、なかにはその半分ぐらいしか収容できないものもある。味方の上陸作戦を掩護したり、索敵機を飛ばして敵艦隊や敵の潜水艦をさぐるのが主な任務であり、まともに敵と正面きって戦闘できるようなしろものではない。

この日も、哨戒とはいうものの、狭いレイテ湾内にぶらぶらしていては邪魔になるだけだとマッカーサーにていよく追いだされてしまったといった方が当を得ているようである。

司令長官スプレーグ少将は旗艦「ファッション・ベイ」の艦橋で、目覚めのコーヒーを飲んでいた。このとき哨戒機からの無線電話で、

「北方海上に何やら……大艦隊らしきものが……いるもののごとく……」

と、声だけは大きいが、何とも頼りない報告が入った。

「ばかやろ！　なにを寝ぼけているんだ！　いるもののごとくとはなんだ！　とっくに夜は明けてるぞ！」

と提督はどなり返す。

「はい！　確かに洋上に……なにかじわじわと……艦影らしきものが多数……」

「貴様は哨戒機に何年乗っているんだ！　今日は地球の裏側まで見えそうな晴天じゃあないか！　それとも貴様のところにだけ霧がかかっているのか！」

「ノー、サー・アドミラル。視界極めて良好であります。視界良好、視界良好。ただ……何となく……いや確かにいます。少しはっきりしてきました。戦艦、巡洋艦、それに駆逐艦もいるもようであります」

「なにがもようだ！　一体何隻ぐらいいるんだ！」

「は、中央に大型艦五隻ほど……まわりには駆逐艦隊が多数護衛しているもよう……いや、護衛しています」

「もっと眼を開いてよく見張るんだ。それにしてもハルゼー艦隊はもう引き揚げてきたのか。一寸おかしいな」

スプレーグは艦橋の見張りをいっそう厳重にさせた。その頃「ファッション・ベイ」のレーダーにも、大艦隊らしきものの姿が次第にはっきり現れてきた。

「こちら哨戒機、敵です。敵艦であります。X国であります」

「ば、ばかな。もっとよく確かめろ！」

「確かにＸ国であります。パゴダ・マストであります。友軍にはあんなかたちのマストを持った艦はありません」

「ファッション・ベイ」は大騒ぎになった。全艦に合戦《かっせん》準備《じゅんび》の号令がくだった。

「艦種はなにか！　敵艦は何船か！」

「ハッ、敵艦は中央に……その……『ム、ムサシ』であります」

「ばか！　『ムサシ』は昨日沈めたぞ！　なにをねぼけとるか！」

「ハッ、では……『ヤマト』であります」

「ほ、ほんとか！」

スプレーグ提督にとって、いやこの護衛空母群の誰もが、生涯のうちの最も驚いた瞬間であったに違いない。全艦は蜂の巣をつついたように騒然とする。

「全速！　空母は全機発進！　全艦とり舵一ぱい、発進後は全速で退避！」

安眠をむさぼっていた艦隊としては、手ぎわがよかった。北上中の艦隊は大急ぎで西から南に逃走する。あまりあわてて左旋回したため、甲板上の飛行機を海上に放りだした空母もある。

見張員が双眼鏡で敵艦を認めてからほんの五分もたたないうちに、空母群の間に敵の砲撃による水柱がたち始めた。「ヤマト」の四六センチ砲弾と「コンゴウ」と「ハルナ」の三六センチ砲弾は至近距離に落下し、それらの後方から砲撃している「ナガト」の四〇センチ砲弾もうなりをたてて飛んでくる。水柱は赤、黄、青、緑などに染まり、X国艦隊は、自艦の弾跡を色によって確かめている。

空母群は逃げの一手である。どうさかだちしてもベイ付き空母が、世界最大の戦艦に勝てようはずがない。空母群はマストを折られ、カタパルトをこわされ、それでも必死に逃げまどう。艦体があまり弱いため、戦艦の発射する徹甲弾は爆発することなく、右舷から左舷へと貫通してしまう。

結局、空母「ガンビア・ベイ」と三隻の駆逐艦が沈められた。だがX国の戦艦も、A国駆逐艦になやまされた。A国ののろい魚雷にはさまれて、敵と逆方向の北方に走らざるをえなかった。その間に時を稼いだ空母群は、スコールの中に逃げ込んでしまった。

しかしスプレーグ提督はこれで難を逃れたわけではなかった。敵の目の届かない場所にまでおちのびて、空母群はほっと一息いれる……これが二五日午前一〇時四〇分である。

このとき護衛空母の一隻「セント・ロー」の艦橋で、見張員が突然、

「敵機現る！　突っ込んでくるう……」

とどなった。いきなり目の前に現れた機体を敵機と判断したのは見事だが、おそらく、とっさの恐怖が、水兵に無意識に「敵機」と叫ばせたのではなかろうか。その敵機は……雷撃にしても、

爆弾投下するにしても……もう距離が近すぎる……と思った瞬間、艦の胴体が爆発し、艦橋の全員がよろめく。

「また一機現る！」

と倒れながらも見張員が叫んだ。同じ場所に二度目の爆発が起こる。

「見張りは敵機が見えなかったのか！　機銃員は何をしとる！」

艦長のどなり声も、黒煙にかき消されてしまった。

ほとんど前後して、護衛空母「カリニン・ベイ」、「キットカン・ベイ」、「ホワイト・プレーンス」にも同じようなことが起こった。いきなり正体を見せた爆装機……しかもその体当り、この思わぬ攻撃により「セント・ロー」は沈没し、他の三隻は損傷した。

これがのちに有名になったＸ国のカミカゼ特攻機だった。Ａ国軍は間もなくＸ国のラジオ放送で、この特攻機群を「シキシマ隊」、その隊長を「セキ大尉」ということを知った。

護衛空母群はこのようにさんざんなめに遭ったが……Ａ国軍にとって最も幸いだったことは、「ヤマト」を中心とするＸ国軍の大艦隊が、それが現れたときと同じように、サマール島沖からかき消すように見えなくなってしまったことである。北方艦隊のハルゼーが、死にもの狂いで援助を頼む南方艦隊のキンケイドの要請にこたえて、高速戦艦数隻をサマール島付近にまで近づけたときには、Ｘ国艦隊は一片のかけらも残さず蒸発していた。

またも殊勲のA国潜水艦

レイテ湾海戦からほぼ一ヵ月のち、正確には一九四四年一一月二九日未明、A国の潜水艦「アーチャーフィッシュ」はX国の沿岸すぐ近く、エンシュウ灘沖にひそんでいた。X国の内部に潜入してひそかに活躍している諜報部員からの報告によると、この日大型空母「シナノ」が「ヨコスカ軍港」を出港し、この場所を通って「クレ軍港」に向かうのは、ほとんど疑いなかった。

「シナノ」はもともと「ヤマト」、「ムサシ」の姉妹艦として建造されたが、中途で航空母艦に変更したものである。排水量七万トン、もちろん世界最大の空母である。一〇日まえに竣工したばかりであり、完全武装をするために「クレ軍港」に回航するのである。

午前三時一二分、「アーチャーフィッシュ」のあげた潜望鏡に大空母がうつる。しかも距離は一〇〇〇メートルたらず。

「シナノ発見！　魚雷発射用意！」

艦長のエンライト中佐がどなる。

「敵の進路は?」

の水雷長の声に、

「進路全く不明。斉射用意！」

と艦長は落ち着いている。つづけて叫ぶ。

「例によってX国の艦はどちらに進んでいるのか全くわからん。かまわんから六発ぶっ飛ばせ」

「発射角度は、どのくらい開きますか？」

「かまわん！　全部一点を狙うんだ！」

「艦長、それでは魚雷は……一発も当たりません……いや、全部はずれてしまう公算極めて大であります」

「発射角度を変えれば……確かに一発は当たるかもしれん。しかしよく考えてみろ。『シナノ』はベニヤ板でできてるわけではないぞ。一発ばかり命中したからといって、どうにもならん。いちかばちかだ。一点を狙って斉射する……」

こうして六本の魚雷は「シナノ」に向かって走りだした。「アーチャーフィッシュ」はすぐに潜航、退避する。

やがて命中音が、四度聞かれた。「シナノ」は艦底の同じ場所を、四本の魚雷で叩かれた。駆逐艦の爆雷攻撃をかわして……何十分か後に潜望鏡でのぞいたときには、「シナノ」は遠く西南方に走り去っていた。

しかし……この四発の魚雷が、「シナノ」を沈めたのである。この超大型空母は被雷後もなお数時間走り続けたが、浸水のため徐々に傾斜がはげしくなり一〇時五五分、シオノ岬南方一六〇キロの沖合で沈没した。

しかし……殊勲の潜水艦「アーチャーフィッシュ」は、のちの海戦でX国海軍駆逐艦の爆雷攻撃を受けてそのまま浮上せず、艦長エンライト中佐は、自分の手で七万トンの空母を沈めたとも知らずに戦死したのである。

ふたたび緊急会議

一九四五年の初め、同じくホワイトハウス。列席のメンバーは前回と同じ。

「敵は秘密兵器を持ちながらも、わが軍の圧倒的な攻勢のまえに、敗北を続けています。わが軍はレイテ島を完全に占領し、数日中にはフィリピン本島のリンガエン湾に上陸することになっています。

戦局は順調に進展していますが、かえりみますとわが軍の戦勝のかげには多くのラッキーがあったと思います。

特にサマール沖海戦は、まさに冷汗三斗の思いです。あそこでもし『ヤマト』がそのまま突っ込んできたら、レイテ作戦はどうなっていたかわかりません。ところであのX国艦隊は、どうやってサマール沖にやってきたのでしょうか」

最初に口をきったのは、リーヒー海軍大将である。フェルミが答える。

「いかに大きな『*h*』をもった艦隊でも、軍艦がまさか陸地を走るわけにはいきません。おそらく、サンベルナルジノ海峡を通ってきたに違いありません」

「わたしもそう思っています。わが軍は海峡の出口からサマール沖にかけての防備を全く欠いていました。マッカーサーは、北方のX国軍の艦隊に気をとられて海峡の守備を忘れたハルゼー提督を非難しています。一方ニミッツは、海峡の出口は当然キンケイド提督が抑えなければならないと第七艦隊の行動に不満をもっているようです」

「責任問題は……とにかく後回しにしよう。それよりも今後のX国対策に知恵をかしていただきたい」

　とルーズベルトは話の鋒先を変えた。

「敵を発見してもその進路がわからず、攻撃に失敗したこともたびたびです。敵に『*h*』という兵器がありながらも、わが軍が互角以上に戦うことができたのは……敵の電波兵器が劣っていたせいだと思います」

「彼らの器械はそんなに悪いのかね」

「わたしはX国には一五年もおりまして……、X国の人間の気質はよく知っているつもりですが……。彼らは直接に敵を叩く兵器には全精力を費しています。大戦艦、あるいはゼロ・ファイター、また魚雷などもわれわれのものより遥かに優秀です。反面二次的な兵器……たとえばレーダー、ソナー、オート・パイロット装置などになりますと、わが軍のよりも劣るようです。未確認情報ですが、彼らは太平洋沿岸のシマダという町に物理学者の首脳陣を召集して、殺人光線の研究をしている……という噂さえあります」

「なるほど、X国人の考え方が少しはわかったようです。さて問題は敵の『h』兵器に対する方策ですが……突然現れてわが艦に衝突するカミカゼに対しては、どう対処するのがいちばん効果的でしょうか?」

「敵機が見えてからでは遅すぎます」

とフェルミが答弁する。

「見えないうちに撃墜しなければなりません」

「見えない飛行機を落とすなんて……」

「攻撃してくるカミカゼは艦の付近のどこかにいるはずです。いや、正確にいうと艦のまわりのどこにでもいます。一機のカミカゼが、艦の前後左右から突っ込んでくるのです。対空機銃は確率的に相手をしとめることになります」

「そんな確率的だなんて……確実に撃墜してもらわなければ困ります」

「そうです。そのためには確率を一にすればいいわけです。艦に思いきりたくさん高角機銃をつけてください。絶対に死角のないように。全機銃がいっせいに射撃を開始して、艦のまわりに弾幕を張ります。さしあたり航母と戦艦に。カミカゼは大型艦しか狙いませんから」

「なるほど、早速実行しましょう。

話は飛びますが、サイパン基地からX国本土を爆撃している飛行士の報告によりますと、X国の都市そのものが朦朧《もうろう》としているそうです。ボーア先生の言われた大きな『h』が、都市全体を包んでいると思われます」

「その方の対策でしたら、ここにおられるオッペンハイマー先生に研究を頼んであります」

とルーズベルトは学者陣の方を見た。

「私としましては……この研究は恐らくどこの国の物理学者も考えていると思います。最も怖いのはヒトラーです。彼はノルウェーを占領するや、早速ノルスク・ヒイドロ電解工場を接収しました。幸いに工場はイギリス諜報部員の手で破壊しましたが、この研究には重水が必要なのです。ドイツには、先日も話がでましたハイゼンベルクがおります。ヒトラーが彼を利用するまえに、われわれの手で完成しなければなりません。そのための特別科学委員として、コンプトン、ローレンス、それにここにいるフェルミ君が……いや、この計画ではエンリコ・フェルミでなくユージン・ファーマーと名乗ってもらっていますが……加担されています。ただ、私の希望を言わしていただければ……この研究はあくまで研究として終わってほしいということです」

SF戦争の終結

A国軍は一九四五年二月一九日、硫黄島に上陸し、これを守備するX国軍よりも多数の死傷者をだしながらも遂に占領した。同じく四月一日にはオキナワ本島に兵を進め、X国の陸軍や民間人を島の南部に圧迫していった。

この間にX国軍のカミカゼ機は何回となくA国艦隊に来襲した。

A国空母の艦上では、いきなり撃ち方始めの号令がとぶ。

「おい撃つんだとよ。いったいどこを撃つんだい。空に向かって弾を飛ばすなんて、おらが国もよっぽど弾が余っているとみえらあ。しかもこの弾あ、みんな俺たちの税金で作ってるんだぜ」

「隊長の命令だ。ぶつぶついわずに景気よく撃ちゃあいいんだ。撃ったって、俺たちの財布が軽くなるわけじゃあねえや」

あちらでも、こちらでも、

「ダダ……」

とはげしい機銃音が響く。水兵が次々に弾薬箱を運んでくる。

「おい、弾はいくらでもあるぜ。こんな使いべりのしねえこたあ初めてだ」

突然目の前にパッと火の玉が現れ、やがてX国戦闘機らしきものがメラメラと燃えながら海中に落ちる。

「やったあ！　落としたぞ！」

「X国だ。X国のゼロ・ファイターに違えねえ。危いとこだった」

「しかしいまのジークは、一体どこから来たんだい」

「わからねえ。わからねえけどやっつけたんだ。なんでもいいからじゃんじゃん撃ちゃあいいんだ」

　豊富な物量にものをいわせたA国軍の堅固な守備に、カミカゼ機の多くは敵艦に当たるまえに炎上し墜落していった。

三月一七日には、硫黄島からの通信がとだえた。六月二三日にはオキナワ守備軍の司令官は割腹自殺した。

　A国軍の次の攻撃目標はX国本土だった。しかしそれよりも前に、ロスアラモスの工場で作られた秘密兵器がＢ29によりX国本土に運ばれてきたのである。

　八月六日午前八時一五分、ヒロシマ上空からミナゴロシの兵器が投下された。それから三日あとの八月九日午前一〇時五八分にナガサキ北部でも同じようなことが起こった。こうしてX国は降伏した。

　八月三〇日、マッカーサーはX国本土のアツギ飛行場に降りた。これより少しまえ、X国の某研究所で、大量の資材を焼く煙が何日か続いてたち昇るのが見られたという。

マッカーサーの進駐と同時に、多くのＭＰが国内のあらゆる場所を根こそぎ探しまわったが、「h」に関する資料は一片さえも発見できなかった。

この物語はフィクションであり、登場してくる人物および団体名はすべて架空のものであって、特定のモデルは存在しない……というわけにはいくまい。事実、今を去る五〇年以上まえ、これと非常によく似た事件があったのだから。ただ本当の事件では、プランク定数とよばれるhが、$h = 6.6 \times 10^{-27}$（エルグ・秒）というように、非常に小さなものであった。hが小さいが故に、この物語とは違って、軍艦も飛行機も、機銃を撃つ兵隊も、あるときにはレーダーに映り、ときには肉眼ではっきり見きわめることができた。

いつもはっきりとものを見ている人間には、この物語はＳＦである。空想、すなわち常識外のできごとになる。しかし、仮りにhが大きいとしたなら……現在のわれわれの生活は――原因があればそれにしたがって確定的な結果が到来する現行の生活方式は――かえって不可解に感じられるに違いない。庭に置かれた石は孫子の代まで動くことなく、いま目の前を走り過ぎた自動車は――急ブレーキでもかけない限り――一〇秒後には向こうの街角を走っている。このように当然と思われていることも、たまたまhが非常に小さいがための帰結である。

それでは、hはなぜそのように小さいのか？

これが物理学によって答えられる疑問であるかどうか、いささかあいまいである。自然科学は、元来あるがままの姿を記述していく学問である。hの値はそのまますなおに認めて、それから先のことは詮索しない……という態度の方が、あるいは賢明なのかもしれない。しかしここで詮索を打ち切るかどうかは、われわれが科学に対してどう構《かま》えるべきか、という姿勢の問題になってくる。

よく知られているように、電子や光子のような素粒子論の問題をまともに計算していくと、真空偏極とか場の反作用とか、さまざまな物理量が無限大になってしまう。朝永博士は巧妙な方法でこれらの無限大を整理整頓し、結局は電子の質量の無限大と、その電荷の無限小とにすべてを繰り込んでしまった。つまり質量と電荷についてだけ、「無限」という極めて不合理な値を許してもらうことにすれば、あとは万事うまく収まるというのである。

物理的なもろもろの量のつながりはこれで解決された。しかし最後に残された質量と電荷は実際にはどう始末するのか？

質量と電荷については、測定された実験値をそのまま使ってやるのである。理屈では「無限」になるべきところに、目をつぶって現実の数値を代入すると、話がとどこおりなく進むのである。

実験値というのは貴重なものであり、すべての理論は実験値を土台にして発展していく。したがってまず初めに質量と電荷あり……を認めるなら、同じ論法で原因と結果との橋渡しとして、$\hbar$程度の不確定ありて……ということも不自然ではない……。

$\hbar$は自然界に厳として存在する確固不変なものであり、その大きさを云々するのは無意味である……というのが正論かもしれない。しかしだからといって現実世界の不思議さがなくなるわけのものではない。$\hbar$が効いてくるオングストローム程度の大きさに対して、なぜ人間はその一〇〇億倍も大きい存在でなければならないのか……と、さらに質問は人間の身体に向かって放たれることになる。

人間がかりに現在よりも数百億倍も大きかったらどうだろう。このときには足先から目に光が到達するのに数秒の時間が必要である。われわれは相対性原理の影響なしに、毎日を過ごすことはできなくなる。長さという概念は根本的に改められ、私と貴方とで所有する時刻は違ってくる。そんな大きな人間は地球に乗って（？）いられない……というなら、どうして地球は現在のような大きさでなければならないのか。

生物は多数の細胞の寄り集まったものであり、自然淘汰、適者生存による進化の結果、現在の大きさに至ったのである……と生物学的に答えられてしまえば、返す言葉はない。しかし、不確定性原理に影響されるにはあまりに大きく、相対性原理にとらわれるにはあまりに小さい人間の存在は……単に生物学的にそうあるべきだといわれても、あまりにもうまくできすぎている。

もしも人間が充分に大きかったら、常に異なった時刻を意識するであろうし、逆に意識する自分が充分小さかったら（物理的に）、客体と対立して、これを眺めるおのれはなくなるだろう。

存在するのは他と相互作用をし続ける自分だけである。物理的にも思想的にもまわりと完全に切り離された自己というものは考えられない。自分がなければ世界はなく、世界がなければ自分もない。……そして人間が物理的にもっと小さかったとしたら、不確定性にふりまわされて今とは違った小世界に住まざるを得なくなり、さらにもっともっと小さくなってたとえば、原子数個ていどであったならば、観測という活動自体が不可能となって、自我は埋没してしまう……。

すでに見たように、不確定性原理は、原因と結果をむすぶ必然という絆《きずな》を断ち切ったのであるが、示唆的な一面として、他と没交渉の自己というものをも否定しているのである。

ラプラスの悪魔は、ミクロの物理学の中で否定された。原子の世界での法則は、そのまま原子の世界の中だけにとどまるものでなく、その精神はもっと広く一般に、推し進められてしかるべきものであろう。

第一章で述べたような人間の運命の必然性というものも、無機物界（非生物体の世界）でラプラスの悪魔が存在しないというからには、今一度考え直さなければなるまい。人間の身体が、特にその頭脳の働きが、精巧な歯車やトランジスターのように機械的に運営されていく……ということには、大きな疑問がもたれるわけである。

しかし、不確定性原理があるからこそ、人間には自由意志（外部から制限や束縛を受けずに自分の思いのままにする意志）があるのだ……などと簡単にいうつもりはない。もしそうなら、同じように原子から構成されているすべての物質は——木でも石でも空気でも——みんな自由意志をもつことになってしまう。もしそんなになったら、それこそ大変である。地球上に五〇億以上の自由意志があり……実際には人間の集団を機構的に動かしていくのはもっともっと数少ない自由意志（為政者など）であるが、それでも二六時中、ゴタゴタの起こっているのはよく知られている通りである。

さらにそのうえに、石が発言し、木が自己の要求を主張し、川の水が自分の利益のために行動したら……どうにも収拾がつかなくなってしまう。

生命をもたない物質は外からの働きかけ（物理学でいう力）だけで動き、極めて下等な生物は外からの刺激に対して盲目的に、反応するだけであるが、人間には更に選択的な意志が働く……という事実は、いったいどう解釈すればいいのだろうか。不確定性原理は、過去の事実が未来を必然的に結論する……ということを否定している。私の運命も、貴方の将来も、すでに決定されたものである……という運命論に疑問を投げかける根拠にはなっている。しかしそれが無機物、有機物（生命体構成物質）すべてをひっくるめた複雑多様な世界の動きを説明できるものかどうか、甚だおぼつかない。わかっているのは、ミクロの世界での因果関係の否定という、ほんのひと握りのことだけである。

とにかく、あらゆる現象の基本的舞台である物質世界においてラプラスの悪魔が否定されたからには、その上にきずかれたさらに広大な世界においても決定的な運命論というものは影が薄くなってくる。人間の一生でも、その人間が集まってつくりだす時の経過——つまり歴史——についても、このことはいえるだろう。歴史は必然であるという言葉をよく耳にする。はたしてそういうものであろうか？

崖下の道をある人が歩いていたとする。そのとき雨でゆるんだ地盤から石がすべって落下し、この人の頭を打って即死させる。このようなときにわれわれは、まことに不運であった、偶然のいたずらは恐ろしいものだ……という。

しかし、石の落下は——石は原子にくらべてとほうもなく大きいから——落ちるべくして落ちたと断定して差し支えあるまい。不確定性原理に忠実な表現方法をするなら、殆ど一に近い確率で石は人を殺したことになる。ではあるが、人間は崖の上の石にまで気を遣ってはいられない。

前日の雨量、地盤の弱さ、石の大きさとその位置など、詳細な資料を知らなかったがために（知らないどころか気にもとめなかったがために）、下を歩くひとが不幸な（といわれる）運命に遭遇したわけである。

もし腹黒い人間が崖上にいて、下を通る仲間に（恐らく、こころよからず思っている間柄だろう）石を落として死に致らしめたらどうだろう。こんなときには偶然という言葉は使わない。偶然でなければ必然か。このへんのところは、考えれば考えるほどややこしくなってくる。

右の話をもっと大がかりにすると、次のようなことになる。ウラニウム二三五という原子は一定量集中すると（ただ集まったということだけで）大爆発する。地球上にはウラン鉱があちらこちらにあり、ふつうのウラニウムの中に、二三五という同位元素が〇・七パーセントほどまざっている。全地球の同位元素を集めたら膨大な量になり、天地もはり裂けるほどの大爆発を起こすだろうが、天然のウラニウムが風に吹かれ雨に流されてたまたまどこかに集合し、しかも二三五だけが偶然に分離する……などということは考えられない。小さい小さい確率でしか、そのようなことは起こり得ないからである。

それでは地球上にウラニウムの爆発など生じ得ないか？　そんなことはない。すでに数十回もの事態が発生し、そのなかには大量の人間を死傷させたこともある。風や雨や、あるいは原子の自然移動でなく、人間という意志を持つ動物が、この危険物を集めたからである。

ウラニウム二三五が集中する可能性は、人間ぬきにした場合には非常に小さいが、ひとたび人、間の頭脳を経過した機構を考えると、かなり大きな確率になる。このように人の意志はものごとの推移に対して、非常に大きな役割をしている。すべての事柄は確率的に行われるとはいえ、人の意志には驚くほどの特殊性がふくまれており、しかもその頭脳のもつ神秘性は依然として謎である。

旱魃、暴風、地震などのような自然現象が歴史を変えることもあるが、多くの場合はひとの意志が世界の動きを決定する。多人数の多数の意志の累積が、たとえば一発のピストルの弾を契機として大戦争に追い込み、原子核の構造を知りたいという要求が積み重なり、これが敵を倒すという指導者の方針と交わったとき、大量殺戮の兵器になる。

マンモスや恐竜が滅んで地球上から姿を消したのは自然選択の結果であるから、あるいは必然という言葉が当てはまるかもしれない。

しかし、人間についてはどうであろう。無機物や植物、さらには他の動物にない「自由意志」の中に、なにかふつうの因果律とは異ったものが存在しているような気がする。しかも人間個人の問題だけでなく、多くの「意志」が寄り集まって社会生活を営むとき、意志と意志との相互作用が、思いも寄らない方向に人間生活を追い込んでいく可能性も考えられる。しかも、可能なことなら何でもやってみる（たとえば月旅行とか水爆とか、試験管ベビーとか）という癖《へき》は、やがては後もどりのきかないとんでもないことをしでかすのではないかという危惧を感じさせる。そこに山があるから登るのだ……という言葉はけだし至言であるが、登ったらさいご降りてこれない山というものが、人間世界、とりわけ今後の世界には数多く伏在しているのではあるまいか。

原爆、水爆の弊害は論をまたない。ところが人の意志によって進められていく社会的進歩——工場の建設、道路、鉄道の開発、都会への人口集中、人間相互関係の複雑化、これらの中に隠然として存在し、しかも急速度で生成していく公害の恐ろしさは、水爆以上のものかもしれない。

人間の意志を支配する不確定要素は未だに解かれていないものであるが、謎は謎のまま包含するとしても、ものごとの推移は人間だけがもつ特徴的な要素によって選択的に行われているとするならば……新しいものが、ただ新しいということのほかにどんな価値をもつものか、その検討は粗雑であってはなるまい。

N.D.C.420.4　270p　18cm

ブルーバックス　B-1385

新装版《しんそうばん》　不確定性原理《ふかくていせいげんり》
運命への挑戦

2002年 9 月20日　第 1 刷発行
2025年 3 月19日　第11刷発行

著者　都筑卓司《つづきたくじ》
発行者　篠木和久
発行所　株式会社講談社
〒112-8001 東京都文京区音羽2-12-21
電話　出版　03-5395-3524
販売　03-5395-5817
業務　03-5395-3615
印刷所　（本文表紙印刷）株式会社ＫＰＳプロダクツ
（カバー印刷）信毎書籍印刷株式会社
製本所　株式会社ＫＰＳプロダクツ

ISBN4−06−257385−7

発刊のことば

科学をあなたのポケットに

二十世紀最大の特色は、それが科学時代であるということです。科学は日に日に進歩を続け、止まるところを知りません。ひと昔前の夢物語もどんどん現実化しており、今やわれわれの生活のすべてが、科学によってゆり動かされているといっても過言ではないでしょう。

そのような背景を考えれば、学者や学生はもちろん、産業人も、セールスマンも、ジャーナリストも、家庭の主婦も、みんなが科学を知らなければ、時代の流れに逆らうことになるでしょう。

ブルーバックス発刊の意義と必然性はそこにあります。このシリーズは、読む人に科学的に物を考える習慣と、科学的に物を見る目を養っていただくことを最大の目標にしています。そのためには、単に原理や法則の解説に終始するのではなくて、政治や経済など、社会科学や人文科学にも関連させて、広い視野から問題を追究していきます。科学はむずかしいという先入観を改める表現と構成、それも類書にないブルーバックスの特色であると信じます。

一九六三年九月　野間省一